CSS

张鑫旭◎著

选择器世界

人民邮电出版社

北京

图书在版编目（ＣＩＰ）数据

CSS选择器世界 / 张鑫旭著. -- 北京 ：人民邮电出
版社，2019.10（2022.12重印）
ISBN 978-7-115-51722-7

Ⅰ．①C… Ⅱ．①张… Ⅲ．①网页制作工具 Ⅳ．
①TP393.092.2

中国版本图书馆CIP数据核字(2019)第155651号

内 容 提 要

　　CSS 选择器是 CSS 世界的支柱，撑起了整个精彩纷呈的 CSS 世界。本书专门介绍 CSS 选择器的相关知识。在本书中，作者结合多年从业经验，在 CSS 基础知识之上，充分考虑前端开发人员的开发需求，以 CSS 选择器的基本概念、优先级、命名、最佳实践以及各伪类选择器的概述和适用场景为技术主线，为 CSS 开发人员介绍有竞争力的知识和技能。此外，本书配有专门的网站，用以进行实例展示和问题答疑。

　　作为一本 CSS 进阶书，本书非常适合有一定 CSS 基础的前端开发人员学习和参考。

◆ 著　　　　张鑫旭
　 责任编辑　杨海玲
　 责任印制　焦志炜

◆ 人民邮电出版社出版发行　　北京市丰台区成寿寺路 11 号
　 邮编　100164　　电子邮件　315@ptpress.com.cn
　 网址　http://www.ptpress.com.cn
　 北京七彩京通数码快印有限公司印刷

◆ 开本：800×1000　1/16
　 印张：13　　　　　　　　　2019 年 10 月第 1 版
　 字数：286 千字　　　　　　2022 年 12 月北京第 8 次印刷

定价：59.00 元

读者服务热线：（010）81055410　印装质量热线：（010）81055316
反盗版热线：（010）81055315
广告经营许可证：京东市监广登字 20170147 号

前言

"CSS 世界三部曲"

　　"CSS 世界三部曲"分别是《CSS 世界》《CSS 选择器世界》和《CSS 新世界》，本书是其中的第二部。本书的出版距离第一部《CSS 世界》出版近两年时间，在这近两年时间中，CSS 选择器 Level 4 规范逐渐稳定，并且很多很棒的特性已经可以在实际项目中应用。我觉得时机成熟了，是时候把 CSS 选择器世界的精彩内容梳理一番呈现给大家了。

　　CSS 选择器是 CSS 世界的支柱，撑起了整个精彩纷呈的 CSS 世界，作为"CSS 世界三部曲"的中间一部的主题再合适不过了，承上启下，贯穿所有。

本书的主要内容

　　本书里面有什么？有干货。

　　我专注于 CSS 领域已经十多年了。很多人觉得很奇怪，CSS 有什么好研究的。怎么说呢？就好比，河水流动、苹果下落，这些虽然看起来都是理所当然的现象，没什么好研究的，但实际上，一旦深入，就可以从这些简单现象中发现新的世界。

　　然而，发现与探索的过程是艰辛的，往往会付出很多，但发现很少，需要有足够的热爱以及钻研精神才能坚持下去并有所收获。恰好，我就是这种类型的人，我喜爱技术研究，喜欢做这种看起来吃力不讨好的事情，但这些年的坚持也让我有了足够的积累。本书的内容就是我根据这些年研究总结出来的精华、经验和技巧，也就是说，大家只要花几小时捧起这本书，就能学到我花费几年的时间提炼出来的东西，这些东西就是所谓的"干货"，它们是技术文档和技术手册上没有的，是稀缺且独一无二的。

　　而这些稀缺的"干货"，就是你和普通 CSS 开发人员的技术分水岭，也是你未来的竞争力所在。行业里有一拨儿人，也自称前端，但是只停留在可以根据设计稿写出页面这种水平，这种程度的人没有技术优势，一旦年龄和体力跟不上，将很容易被行业淘汰，因此你需要的不是浮于表面的那一点知识，而是更有深度、与用户体验走得更近的干货和技能。这些就是本书能提供给你的。

正确认识本书

这是一本 CSS 进阶书，非常适合有一定 CSS 基础的前端人员学习和参考，新手读起来会有些吃力，因为为了做到内容精练，书中会直接略去过于基础的知识。

本书融入了大量我的个人理解，这些理解是我多年持之以恒对 CSS 进行研究和思考后，经过个人情感润饰和认知提炼获得的产物。因此，与干巴巴的教条式的技术书相比，本书要显得更易于理解，有温度，更有人文关怀。但是，个人的理解并不能保证百分之百正确，因此，本书的个别观点也可能不对，欢迎读者提出质疑和挑战。

由于规范尚未定稿，本书部分比较前沿的知识点在未来会发生某些小的变动，我会实时跟进，并在官方论坛同步更新。

配套网站

我专门为"CSS 世界三部曲"制作了一个网站（https://www.cssworld.cn），在那里，读者可以了解更多"CSS 世界三部曲"的相关信息。如果读者有质疑，想挑战，或者要纠错，都欢迎去官方论坛（https://bbs.cssworld.cn/）对应版块进行提问或反馈，也欢迎读者加微信 zhangxinxu-job 和我直接沟通交流。

资源与服务

本书由异步社区出品，社区（https://www.epubit.com/）为您提供后续服务。

提交勘误

作者和编辑尽最大努力来确保书中内容的准确性，但难免会存在疏漏。欢迎您将发现的问题反馈给我们，帮助我们提升图书的质量。

当您发现错误时，请登录异步社区，按书名搜索，进入本书页面，单击"提交勘误"，输入勘误信息，单击"提交"按钮即可（见下图）。本书的作者和编辑会对您提交的勘误进行审核，确认并接受后，您将获赠异步社区的100积分。积分可用于在异步社区兑换优惠券、样书或奖品。

详细信息	写书评	提交勘误

页码：☐　　页内位置（行数）：☐　　勘误印次：☐

B I U ABC Ξ· Ξ· " ✎ ☑ Ξ

字数统计

提交

扫码关注本书

扫描下方二维码，您将会在异步社区微信服务号中看到本书信息及相关的服务提示。

与我们联系

我们的联系邮箱是 contact@epubit.com.cn。

如果您对本书有任何疑问或建议，请您发邮件给我们，并请在邮件标题中注明本书书名，以便我们更高效地做出反馈。

如果您有兴趣出版图书、录制教学视频，或者参与图书翻译、技术审校等工作，可以发邮件给我们；有意出版图书的作者也可以到异步社区在线提交投稿（直接访问 www.epubit.com/selfpublish/submission 即可）。

如果您来自学校、培训机构或企业，想批量购买本书或异步社区出版的其他图书，也可以发邮件给我们。

如果您在网上发现有针对异步社区出品图书的各种形式的盗版行为，包括对图书全部或部分内容的非授权传播，请您将怀疑有侵权行为的链接发邮件给我们。您的这一举动是对作者权益的保护，也是我们持续为您提供有价值的内容的动力之源。

关于异步社区和异步图书

"异步社区"是人民邮电出版社旗下 IT 专业图书社区，致力于出版精品 IT 技术图书和相关学习产品，为作译者提供优质出版服务。异步社区创办于 2015 年 8 月，提供大量精品 IT 技术图书和电子书，以及高品质技术文章和视频课程。更多详情请访问异步社区官网 https://www.epubit.com。

"异步图书"是由异步社区编辑团队策划出版的精品 IT 专业图书的品牌，依托于人民邮电出版社近 30 年的计算机图书出版积累和专业编辑团队，相关图书在封面上印有异步图书的 LOGO。异步图书的出版领域包括软件开发、大数据、AI、测试、前端、网络技术等。

异步社区

微信服务号

特别感谢

衷心感谢人民邮电出版社的每一个人。

感谢人民邮电出版社的编辑杨海玲，她的专业建议对我帮助很大，她对细节的关注令人印象深刻，她使我的工作变得更加轻松。

感谢那些为提高整个行业 CSS 水平而默默努力的优秀人士，感谢那些在我成长路上指出错误的前端同仁，让我在探索边界的道路上走得更快、更踏实。

感谢读者，你们的支持给了我工作的动力。

最后，最最感谢我的妻子丹丹，没有她在背后的爱和支持，本书一定不会完成得这么顺利。

目　录

第 1 章

概述

CSS 选择器本身很简单，就是一些特定的选择符号，于是，很多开发者就认为 CSS 选择器的世界很简单，没什么好学的，这样的想法严重限制了开发者的技术提升。实际上，CSS 选择器非常强大，它不仅涉及视觉表现，而且与用户安全、用户体验有非常密切的联系。

1.1 为什么 CSS 选择器很强

CSS 选择器能够做的事情远比你预想的多得多。

不少开发人员学习 JavaScript 得心应手，但是学习 CSS 却总是没有感觉，因为他们还是习惯把 CSS 属性或者 CSS 选择器看成一个个独立的个体，就好像传统编程语言中的一个个 API 一样。传统编程语言讲求逻辑清晰，层次分明，主要为功能服务，因此这种不拖泥带水的 API 是非常有必要的。但 CSS 却是为样式服务的，它重表现，轻逻辑，如同人的思想一样，相互碰撞才能产生火花。

尤其对于 CSS 选择器，它作为 CSS 世界的支柱，其作用好比人类的脊柱，与 HTML 结构、浏览器行为、用户行为以及整个 CSS 世界相互依存、相互作用，这必然会产生很多碰撞，让 CSS 选择器变得非常强悍。

同时，CSS 选择器本身也并非你想得那么单纯。

1.2 CSS 选择器世界的一些基本概念

我们平常所说的 CSS 选择器实际上是一个统称，是很多基本概念的集合，在正式开始介绍本书的内容之前，我们有必要先了解一下这些基本概念。

1.2.1　选择器、选择符、伪类和伪元素

CSS 选择器可以分为 4 类，即选择器、选择符、伪类和伪元素。

1. 选择器

这里的"选择器"指的就是平常使用的 CSS 声明块前面的标签、类名等。例如：

```
body { font: menu; }
```

这里的 body 就是一种选择器，是类型选择器，也可以称为标签选择器。

```
.container { background-color: olive; }
```

这里的 .container 也是选择器，属于属性选择器的一种，我们平时称其为类选择器。

还有很多其他种类的选择器，后面将会详细介绍。

2. 选择符

目前我所知道的 CSS 选择器世界中的选择符有 5 个，即表示后代关系的空格（ ），表示父子关系的尖括号（>），表示相邻兄弟关系的加号（+），表示兄弟关系的弯弯（~），以及表示列关系的双管道（||）。

这 5 种选择符分别示意如下：

```
/* 后代关系 */
.container img { object-fit: cover; }
/* 父子关系 */
ol > li { margin: .5em 0; }
/* 相邻兄弟关系 */
button + button { margin-left: 10px; }
/* 兄弟关系 */
button ~ button { margin-left: 10px; }
/* 列 */
.col || td { background-color: skyblue; }
```

关于选择符的更多知识可以参见第 4 章。

3. 伪类

伪类的特征是其前面会有一个冒号（:），通常与浏览器行为和用户行为相关联，可以看成是 CSS 世界的 JavaScript。伪类和选择符相互配合可以实现非常多的纯 CSS 交互效果。

例如：

```
a:hover { color: darkblue; }
```

4. 伪元素

伪元素的特征是其前面会有两个冒号（::），常见的有 ::before, ::after, ::first-letter 和::first-line 等。

　　本书不会对伪元素做专门的介绍，读者若有兴趣可以参见《CSS 世界》和以后会出版的《CSS 新世界》的相关章节。

1.2.2　CSS 选择器的作用域

　　以前 CSS 选择器只有一个全局作用域，也就是在网页任意地方的 CSS 都共用一个文档上下文。

　　如今 CSS 选择器是有局部作用域的概念的。伪类:scope 的设计初衷就是匹配局部作用域下的元素。例如，对于下面的代码：

```
<section>
  <style scoped>
   p { color: blue; }
   :scope { background-color: red; }
  </style>
  <p>在作用域内，背景色应该红色。</p>
</section>
<p>在作用域外，默认背景色。</p>
```

　　理论上，<section>标签里面的<p>元素的背景色应该是红色，但目前没有任何浏览器表现为红色。实际上此特性曾被浏览器支持过，但只是昙花一现，现在已经被舍弃。目前虽然伪类:scope 也能解析，但只能当作全局作用域。但是，这并不表示:scope 一无是处，它在 JavaScript 中还是有效的，这一点将在 12.1.1 节中进一步展开介绍。

　　另外，CSS 选择器的局部作用域在 Shadow DOM 中也是有效的。例如，有一个<div>元素：

```
<div id="hostElement"></div>
```

然后使用 Shadow DOM 为这个<div>元素创建一个<p>元素并且控制其背景色的样式，如下：

```
// 创建 Shadow DOM
var shadow = hostElement.attachShadow({mode: 'open'});
// 给 Shadow DOM 添加文字
shadow.innerHTML = '<p>我是由 Shadow DOM 创建的&lt;p&gt;元素，我的背景色是？</p>';
// 添加 CSS，p 标签背景色变成黑色
shadow.innerHTML += '<style>p { background-color: #333; color: #fff; }</style>';
```

　　结果如图 1-1 所示，Shadow DOM 创建的<p>元素的背景色是黑色，而页面原本的<p>元素的背景色不受任何影响。

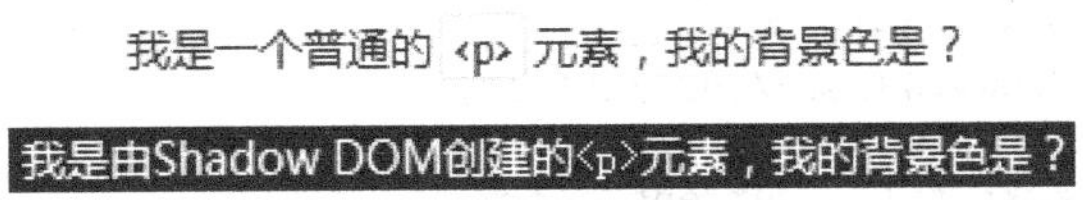

我是一个普通的 <p> 元素，我的背景色是？

我是由Shadow DOM创建的<p>元素，我的背景色是？

图 1-1　页面原本的<p>元素的背景色不受任何影响

　　上面的 CSS 选择器的局部作用示例都配有演示页面，读者可以手动输入 https://demo.cssworld.cn/selector/1/2-1.php 或扫描下面的二维码亲自体验与学习。

1.2.3 CSS 选择器的命名空间

CSS 选择器中还有一个命名空间（namespace）的概念，这里简单介绍一下。

命名空间可以让来自多个 XML 词汇表的元素的属性或样式彼此之间没有冲突，它的使用非常常见，例如 XHTML 文档：

```
<html xmlns="http://www.w3.org/1999/xhtml">
```

又例如 SVG 文件的命名空间：

```
<svg xmlns="http://www.w3.org/2000/svg">
```

上述代码中的 xmlns 属性值对应的 URL 地址就是一个简单的命名空间名称，其并不指向实际的在线地址，浏览器不会使用或处理这个 URL。

在 CSS 选择器世界中命名空间的作用也是避免冲突。例如，在 HTML 和 SVG 中都会用到 <a> 链接，此时就可能发生冲突，我们可以借助命名空间进行规避，具体方法是，使用 @namespace 规则声明命名空间：

```
@namespace url(http://www.w3.org/1999/xhtml);
@namespace svg url(http://www.w3.org/2000/svg);
/* XHTML 中的<a>元素 */
a {}
/* SVG 中<a>元素 */
svg|a {}
/* 同时匹配 XHTML 和 SVG 的<a>元素 */
*|a {}
```

注意，上述 CSS 代码中的 svg 也可以换成其他字符，这里的 svg 并不是表示 svg 标签的意思。

眼见为实，我们通过一个实际案例来直观地了解一下 CSS 选择器的命名空间。HTML 和 CSS 代码如下：

```
<p>这是文字: <a href>点击刷新</a></p>
<p>这是SVG: <svg><a xlink:href><path d="..."/></a></svg></p>
@namespace "http://www.w3.org/1999/xhtml";
@namespace svg "http://www.w3.org/2000/svg";
svg|a { color: black; fill: currentColor; }
a { color: gray; }
```

svg|a 中有一个管道符 |，管道符前面的字符表示命名空间的代称，管道符后面的内容则是选择器。本例的代码表示在 http://www.w3.org/2000/svg 这个命名空间下所有 <a> 的颜色都是 black，由于 xhtml 的命名空间也被指定了，因此 SVG 中的 <a> 就不会受标签选择

器 a 的影响，即便纯标签选择器 a 的优先级再高也无效。

最终的效果如图 1-2 所示，文字链接颜色为灰色，SVG 图标颜色为黑色。

这是文字：点击刷新

这是SVG：

图 1-2　不同命名空间下的样式保护

眼见为实，读者可以手动输入 https://demo.cssworld.cn/selector/1/2-2.php 或扫描下面的二维码亲自体验与学习。

CSS 选择器命名空间的兼容性很好，至少 10 年前浏览器就已支持，但是，却很少见人在项目中使用它，这是为什么呢？

原因有二：其一，在 HTML 中直接内联 SVG 的应用场景并不多，它更多的是作为独立的 SVG 资源使用，即使内联，也很少有需要对特性 SVG 标签进行样式控制的需求；其二，有其他更简单的替代方案，例如，如果我们希望 SVG 中所有的<a>元素的颜色都是 black，可以直接用：

```
svg a { color: black; }
```

无须掌握复杂的命名空间语法就能实现我们想要的效果，这样做的唯一缺点就是增加了 SVG 中 a 元素的优先级，但是在大多数场景下，这对我们的实际开发没有任何影响。综合来看，这是一种性价比高很多的实现方式，几乎找不到需要使用命名空间的理由。

因此，对于 CSS 选择器的命名空间，我给大家的建议就是了解即可，做到在遇到大规模冲突场景时，能想到还有这样一种解决方法就可以了。

1.3　无效 CSS 选择器特性与实际应用

很多 CSS 伪类选择器是最近几年才出现的，浏览器并不支持，浏览器会把这些选择器当作无效选择器，这是没有任何问题的。但是当这些无效的 CSS 选择器和浏览器支持的 CSS 选择器写在一起的时候，会导致整个选择器无效，举个例子，有如下 CSS 代码：

```
.example:hover,
.example:active,
.example:focus-within {
    color: red;
}
```

:hover 和:active 是浏览器很早就支持的两个伪类，按道理讲，所有浏览器都能识别这两个伪类，但是，由于 IE 浏览器并不支持:focus-within 伪类，会导致 IE 浏览器无法识别整个语句，这就是无效 CSS 选择器特性。

因此，我们在使用一些新的 CSS 选择器时，出于渐进增强的目的，需要将它们分开书写：

```
/* IE 浏览器可识别 */
.example:hover,
.example:active {
    color: red;
}
/* IE 浏览器不可识别 */
.example:focus-within {
    color: red;
}
```

不过，在诸多 CSS 选择器中，这种无效选择器特性出现了一个例外，那就是浏览器可以识别以-webkit-私有前缀开头的伪元素。例如，下面这段 CSS 选择器就是无效的：

```
div, span::whatever {
    background: gray;
}
```

但是，如果加上一个-webkit-私有前缀，浏览器就可以识别了，<div>元素背景为灰色，如图 1-3 所示：

```
div, span::-webkit-whatever {
    background: gray;
}
```

图 1-3　div 背景为 gray

除了 IE 浏览器，其他浏览器均支持（Firefox 63 及以上版本支持）识别这个-webkit-无效伪元素的特性。于是，我们就可以灵活运用这种特性来帮助完成实际开发。例如，对 IE 浏览器和其他浏览器进行精准区分：

```
/* IE 浏览器 */
.example {
    background: black;
}
/* 其他浏览器 */
.example, ::-webkit-whatever {
    background: gray;
}
```

当然，上面的无效伪类会导致整行选择器失效的特性也可以用来区分浏览器。

第 2 章

CSS 选择器的优先级

几乎所有的 CSS 样式冲突、样式覆盖等问题都与 CSS 声明的优先级错位有关。因此，在详细阐述 CSS 选择器的优先级规则之前，我们先快速了解一下 CSS 全部的优先级规则。

2.1　CSS 优先级规则概览

CSS 优先级有着明显的不可逾越的等级制度，我将其划分为 0～5 这 6 个等级，其中前 4 个等级由 CSS 选择器决定，后 2 个等级由书写形式和特定语法决定。下面我将对这 6 个等级分别进行讲解。

（1）0 级：通配选择器、选择符和逻辑组合伪类。其中，通配选择器写作星号（*）。示例如下：

```
* { color: #000; }
```

选择符指+、>、~、空格和||。关于选择符的更多知识可参见第 4 章。

逻辑组合伪类有:not()、:is() 和:where 等，这些伪类本身并不影响 CSS 优先级，影响优先级的是括号里面的选择器。

```
:not() {}
```

需要注意的是，只有逻辑组合伪类的优先级是 0，其他伪类的优先级并不是这样的。

（2）1 级：标签选择器。示例如下：

```
body { color: #333; }
```

（3）2 级：类选择器、属性选择器和伪类。示例如下：

```
.foo { color: #666; }
[foo] { color: #666; }
:hover { color: #333; }
```

（4）3 级：ID 选择器。示例如下：

```
#foo { color: #999; }
```

（5）4 级：`style` 属性内联。示例如下：

```
<span style="color: #ccc;">优先级</span>
```

（6）5 级：`!important`。示例如下：

```
.foo { color: #fff !important; }
```

`!important` 是顶级优先级，可以重置 JavaScript 设置的样式，唯一推荐使用的场景就是使 JavaScript 设置无效。例如：

```
.foo[style*="color: #ccc"] {
  color: #fff !important;
}
```

对于其他场景，没有任何使用它的理由，切勿滥用。

不难看出，CSS 选择器的优先级（0 级至 3 级）属于 CSS 优先级的一部分，也是最重要、最复杂的部分，学会 CSS 选择器的优先级等同于学会了完整的 CSS 优先级规则。

2.2 深入 CSS 选择器优先级

本节内容将有助于深入理解 CSS 选择器的优先级，包括计算规则、实用技巧以及一些奇怪的有趣特性。

2.2.1 CSS 选择器优先级的计算规则

对于 CSS 选择器优先级的计算，业界流传甚广的是数值计数法。具体如下：每一段 CSS 语句的选择器都可以对应一个具体的数值，数值越大优先级越高，其中的 CSS 语句将被优先渲染。其中，出现一个 0 级选择器，优先级数值+0；出现一个 1 级选择器，优先级数值+1；出现一个 2 级选择器，优先级数值+10；出现一个 3 级选择器，优先级数值+100。

于是，有表 2-1 所示的计算结果。

表 2-1 选择器优先级计算值

选择器	计算值	计算细则
`* {}`	0	1 个 0 级通配选择器，优先级数值为 0
`dialog {}`	1	1 个 1 级标签选择器，优先级数值为 1
`ul > li {}`	2	2 个 1 级标签选择器，1 个 0 级选择符，优先级数值为 1+0+1
`li > ol + ol {}`	3	3 个 1 级标签选择器，2 个 0 级选择符，优先级数值为 1+0+1+0+1
`.foo {}`	10	1 个 2 级类名选择器，优先级数值为 10

续表

选择器	计算值	计算细则
`a:not([rel=nofollow]) {}`	11	1 个 1 级标签选择器，1 个 0 级否定伪类，1 个 2 级属性选择器，优先级数值为 1+0+10
`a:hover {}`	11	1 个 1 级标签选择器，1 个 2 级伪类，优先级数值为 1+10
`ol li.foo {}`	12	1 个 2 级类名选择器，2 个 1 级标签选择器，1 个 0 级空格选择符，优先级数值为 1+0+1+10
`li.foo.bar {}`	21	2 个 2 级类名选择器，1 个 1 级标签选择器，优先级数值为 10×2+1
`#foo {}`	100	1 个 3 级 ID 选择器，优先级数值为 100
`#foo .bar p {}`	111	1 个 3 级 ID 选择器，1 个 2 级类名选择器，1 个 1 级标签选择器，优先级数值为 100+10+11

趁热打铁，我出一个小题考考大家，`<body>` 元素的颜色是红色还是蓝色？

```
<html lang="zh-CN">
    <body class="foo">颜色是？</body>
</html>
body.foo:not([dir]) { color: red; }
html[lang] > .foo { color: blue; }
```

我们先来计算一下各自的优先级数值。

首先是 `body.foo:not([dir])`，出现了 1 个标签选择器 `body`，1 个类名选择器 `.foo` 和 1 个否定伪类 `:not`，以及属性选择器 `[dir]`，计算结果是 1+10+0+10，也就是 21。

接下来是 `html[lang] > body.foo`，出现了 1 个标签选择器 `html`，1 个属性选择器 `[lang]` 和 1 个类名选择器 `.foo`，计算结果是 1+10+10，也就是 21。

这两个选择器的计算值居然是一样的，那该怎么渲染呢？

这就引出了另外一个重要的规则——"后来居上"。也就是说，当 CSS 选择器的优先级数值一样的时候，后渲染的选择器的优先级更高。因此，上题的最终颜色是蓝色（`blue`）。

后渲染优先级更高的规则是相对于整个页面文档而言的，而不仅仅是在一个单独的 CSS 文件中。例如：

```
<style>body { color: red; }</style>
<link rel="stylesheet" href="a.css">
<link rel="stylesheet" href="b.css">
```

其中在 `a.css` 中有：

```
body { color: yellow; }
```

在 `b.css` 中有：

```
body { color: blue; }
```

此时，`body` 的颜色是蓝色，如图 2-1 所示，因为 `blue` 这段 CSS 语句在文档中是最后出现的。

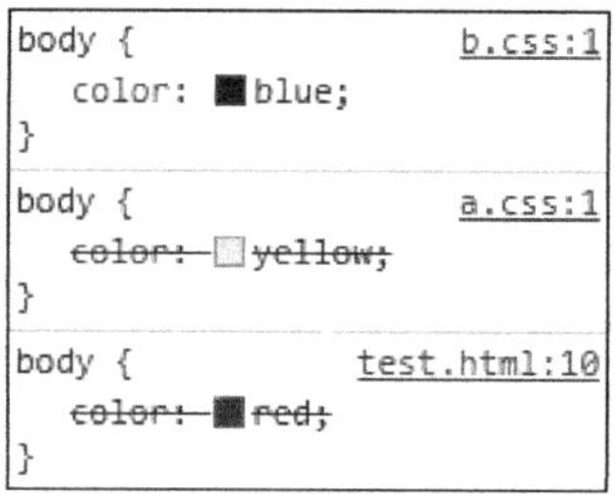

图 2-1 浏览器中 body 颜色的优先级

还有一个误区有必要强调一下，那就是 CSS 选择器的优先级与 DOM 元素的层级位置没有任何关系。例如：

```
body .foo { color: red; }
html .foo { color: blue; }
```

请问 .foo 的颜色是红色还是蓝色？

答案是蓝色。虽然 `<body>` 是 `<html>` 的子元素，离 .foo 的距离更近，但是选择器的优先级并不考虑 DOM 的位置，所以后面的 html.foo{} 的优先级更高。

1. 增加 CSS 选择器优先级的小技巧

实际开发时，难免会遇到需要增加 CSS 选择器优先级的场景。例如，希望增加下面 .foo 类名选择器的权重：

```
.foo { color: #333; }
```

很多人的做法是增加嵌套，例如：

```
.father .foo {}
```

或者是增加一个标签选择器，例如：

```
div.foo {}
```

但这些都不是最好的方法，因为这些方法增加了耦合，降低了可维护性，一旦哪天父元素类名变化了，或者标签换了，样式岂不是就失效了？这里给大家介绍一个增加 CSS 选择器优先级的小技巧，那就是重复选择器自身。例如，可以像下面这样做，既提高了优先级，又不会增加耦合，实在是上上之选：

```
.foo.foo {}
```

如果你实在不喜欢这种写法，借助必然会存在的属性选择器也是不错的方法。例如：

```
.foo[class] {}
#foo[id] {}
```

2. 对数值计数法的点评

上面提到的 CSS 选择器优先级数值的计数法实际上是一个不严谨的方法，因为 1 和 10 之间的差距实在太小了，这也就意味着连续 10 个标签选择器的优先级就和 1 个类名选择器齐平了。然而事实并非如此，不同等级的选择器之间的差距是无法跨越的存在。但由于在实际开发中，我们是不会连续写上多达 10 个选择器的，因此不会影响我们在实际开发过程中计算选择器优先级。

而且对于使用 CSS 选择器而言，你的书写习惯远比知识更重要，就算你理论知识再扎实，如果平时书写习惯糟糕，也无法避免 CSS 样式覆盖问题、样式冲突等问题的出现。我将在第 3 章中深入探讨这个问题。因此，对于数值计算法，我的态度是，学一遍即可，没有必要反复攻读，做到面面俱到，只要你习惯足够好，是不会遇到乱七八糟的优先级问题的。

在 CSS 选择器这里，等级真的是无法跨越的鸿沟吗？其实不是，这里有大家不知道的冷知识。

2.2.2　256 个选择器的越级现象

有如下 HTML：

```
<span id="foo" class="f">颜色是？</span>
```

如下 CSS：

```
#foo { color: #000; background: #eee; }
.f { color: #fff; background: #333; }
```

很显然，文字的颜色是#000，即黑色，因为 ID 选择器的级别比类名选择器的级别高一级。但是，如果是下面的 CSS 呢？256 个 .f 类名合体：

```
#foo { padding: 10px 20px; color: #000; background: #eee; }
.f.f.f.f.f.f.f.f.f.f.f.f.f.f.f.f.f.f.f.f.f.f.f.f.f.f.f.f.f.f.f.f.f.f.
f.f.f.f.f.f.f.f.f.f.f.f.f.f.f.f.f.f.f.f.f.f.f.f.f.f.f.f.f.f.f.f.f.f.f
.f.f.f.f.f.f.f.f.f.f.f.f.f.f.f.f.f.f.f.f.f.f.f.f.f.f.f.f.f.f.f.f.f.f.
.f.f.f.f.f.f.f.f.f.f.f.f.f.f.f.f.f.f.f.f.f.f.f.f.f.f.f.f.f.f.f.f.f.f.
.f.f.f.f.f.f.f.f.f.f.f.f.f.f.f.f.f.f.f.f.f.f.f.f.f.f.f.f.f.f.f.f.f.f.f
.f.f.f.f { color: #fff; background: #333; }
```

在 IE 浏览器下，神奇的事情发生了，文字的颜色表现为白色，背景色表现为深色，如图 2-2 所示。

图 2-2　IE 浏览器中类名的优先级更高

在 IE 浏览器下，读者可以输入 https://demo.cssworld.cn/selector/2/2-1.php 亲自体验与学习。

同样，256 个标签选择器的优先级大于类名选择器的优先级的现象也是存在的。

实际上，在过去，Chrome 浏览器、Firefox 浏览器下都出现过这种 256 个选择器的优先级大于上一个选择器级别的现象，后来，大约 2015 年之后，Chrome 浏览器和 Firefox 浏览器都修改了策略，使得再多的选择器的优先级也无法超过上一级，因此，目前越级现象仅在 IE 浏览器中可见。

为什么会有这种有趣的现象呢？早些年查看 Firefox 浏览器的源代码，发现所有的类名都是以 8 字节字符串存储的，8 字节所能容纳的最大值就是 255，因此同时出现 256 个类名的时候，势必会越过其边缘，溢出到 ID 区域。而现在采用了 16 字节的字符串存储，能容纳的类型数量足够多了，就不会出现这种现象。

当然，这个冷知识并没有多大的实用价值，大致了解一下即可。

2.3 为什么按钮 :hover 变色了

了解了 CSS 选择器的优先级之后，很多日常工作中遇到的一些问题你就知道是怎么回事了，举一个按钮 :hover 变色的例子。

例如，我们写一个蓝底白字的按钮，使鼠标经过按钮时会改变背景色：

```
.cs-button {
    background-color: darkblue;
    color: white;
}
.cs-button:hover {
    background-color: blue;
}
<a href="javascript:" class="cs-button" role="button">按钮</a>
```

看代码没有任何问题，但是页面一刷新就出现问题了。鼠标经过按钮的时候，文字居然变成蓝色了，而不是预期的白色！

究竟是哪里出了问题呢？一排查，这个问题居然是 CSS reset 导致的。

在实际开发中，我们一定会对全局的链接颜色进行设置，例如，按钮默认颜色为蓝色，鼠标经过的时候变成深蓝色：

```
a { color: blue; }
a:hover { color: darkblue; }
```

按钮变色就是这里的 a:hover 导致的。因为 a:hover 的优先级比 .cs-button 的优先级高（:hover 伪类的优先级和类选择器的优先级一样），所以鼠标经过按钮的时候按钮颜色表现为 a:hover 设置的深蓝色。

知道原因，问题就好解决了，常见做法是再设置一遍鼠标经过按钮的颜色：

```
.cs-button:hover {
    color: white;
    background-color: blue;
}
```

或者按钮改用语义更好的 button 标签，而不是传统的 a 标签。

第 3 章

CSS 选择器的命名

CSS 选择器的命名问题是最常困扰开发者的事情之一。究竟是面向 CSS 属性命名，还是面向 HTML 语义命名？是使用长命名，还是使用短命名？这些疑问在本章都能找到答案，并且我还会把一些多年摸索出来的最佳实践分享给读者。

在此之前，我们不妨先了解一些关于 CSS 选择器的基础特性。

3.1 CSS 选择器是否区分大小写

CSS 选择器有些区分大小写，有些不区分大小写，还有些可以设置为不区分。

要搞清楚 CSS 选择器是否区分大小写的问题，还要从 HTML 说起。在 HTML 中，标签和属性都是不区分大小写的，而属性值是区分大小写的。于是，相对应地，在 CSS 中，标签选择器不区分大小写，属性选择器中的属性也不区分大小写，而类选择器和 ID 选择器本质上是属性值，因此要区分大小写。

下面我们通过一个例子来一探究竟。HTML 如下：

```
<p class="content">颜色是? </p>
```

CSS 如下：

```
P { padding: 10px; background-color: black; }
[CLASS] { color: white; }
.CONTENT { text-decoration: line-through; }
```

HTML 字符全部都是小写，3 种类型的 CSS 选择器均使用大写，结果如图 3-1 所示，黑底白字无贯穿线，这说明选择器 P 和选择器 [CLASS] 生效，而 .CONTENT 无效。

颜色是?

图 3-1　CONTENT 类名没有匹配，导致贯穿线没有生效

选择器对大小写敏感情况的总结见表 3-1。

表 3-1 选择器对大小写的敏感情况

选择器类型	示例	是否对大小写敏感
标签选择器	`div {}`	不敏感
属性选择器-纯属性	`[attr]`	不敏感
属性选择器	`[attr=val]`	属性值敏感
类选择器	`.container {}`	敏感
ID 选择器	`#container {}`	敏感

然而，随着各大浏览器支持属性选择器中的属性值也不区分大小写（在]前面加一个 i），已经没有严格意义上的对大小写敏感的选择器了，因为类选择器和 ID 选择器本质上也是属性选择器，因此，如果希望 HTML 中的类名对大小写不敏感，可以这样：

```
[class~="val" i] {}
```

例如：

```
<p class="content">颜色是? </p>
```

CSS 如下：

```
P { padding: 10px; background-color: black; }
[CLASS] { color: white; }
[CLASS~=CONTENT i] { text-decoration: line-through; }
```

结果如图 3-2 所示，黑底白字贯穿线，说明上面 3 个选择器均对大小写不敏感。

图 3-2 CONTENT 类名作为属性值可以匹配，使贯穿生效

更多关于属性选择器大小写敏感的内容参见第 6 章。

3.2 CSS 选择器命名的合法性

这里主要讲一下类选择器和 ID 选择器的命名合法性问题，旨在纠正大家长久以来的错误认识。什么错误认识呢？最常见的就是类名选择器和 ID 选择器不能以数字开头，如下：

```
.1-foo { border: 10px dashed; padding: 10px; }   /* 无效 */
```

对，上面这种写法确实无效，但这并不是因为不能以数字开头，而是不能直接写数字，需要将其转义一下，如下：

```
.\31 -foo { border: 10px dashed; padding: 10px; }
```

此时，下面的 HTML 就表现为黑底白字：

```
<span class="1-foo">颜色是？</span>
```

效果如图 3-3 所示，所有浏览器下均有虚线边框。

图 3-3　以数字开头的类选择器生效了

读者可以手动输入 https://demo.cssworld.cn/selector/3/2-1.php 或扫描下面的二维码亲自体验与学习。

为什么会有这么奇怪的表示？居然表示成\31，而且后面还有一个空格！

其实\31 外加空格是 CSS 中字符 1 的十六进制转码表示。其中 31 就是字符 1 的 Unicode 值，如下：

```
console.log('1'.charCodeAt().toString(16));     // 结果是 31
```

字符 0 的 Unicode 值是 30，字符 9 的 Unicode 值是 39，0～9 这 10 个数字对应的 Unicode 值正好是 30～39。

我们也可以用以下这种方法进行表示：

```
.\000031-foo { border: 10px dashed; padding: 10px; }
```

31 前面用 4 个 0 进行补全，这样\31 后面就不用加空格。

类名或者 ID 甚至可以是纯数字，例如下面的代码 CSS 也能渲染：

```
<span class="1"><em>请问：</em>颜色是？</span>
.\31  { border: 10px dashed; padding: 10px; }
```

如果选择器中有父子关系，则需要打两个空格：

```
.\31  em { margin-right: 10px; }
```

然而，CSS 压缩工具会乱压空格，所以，实际开发时，如果想使用数字，建议使用非空格完整表示法：

```
.\000031 em { margin-right: 10px; }
```

规范与更多字符的合法性

顺着上面这个"不能以数字开头"的案例，我们可以讲更多关于选择器命名合法性的内容。

首先，关于命名，看看规范是怎么说的，如图 3-4 所示。

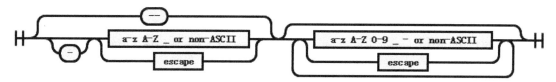

图 3-4　规范中对选择器命名的描述

图 3-4 明显分左右两半，其中左边是选择器首字符，右边是选择器后面的字符。从图中可以清晰地看到，首字符支持的字符类型是 a～z、A～Z、下划线（_）以及非 ASCII 字符（中文、全角字符等），后面的字符支持的字符类型是 a～z、A～Z、0～9、下划线（_）、短横线（–）以及非 ASCII 字符，后面的字符支持的字符类型多了数字和短横线。

很多人对选择器的合法性认识就停留在上面的内容，而忽略了图 3-4 下面的"escape"方块。也就是说，对于其他没有出现的字符，只要对它们执行转义重新编码一下也能使其成为支持的字符类型。

也就是说，选择器不仅可以以数字开头，也支持以其他字符开头。这些字符可以是下面的这些。

（1）不合法的 ASCII 字符，如!、"、#、$、%、&、'、(、)、*、+、,、–、.、/、:、;、<、=、>、?、@、[、\、]、^、`、{、|、}以及~。

严格来讲，上述字符也应该完全转码。例如，加号（+）的 Unicode 值是 2b，因此选择器需要写成\2b 空格，或者\00002b。

但是，对于上述字符，还有一种更优雅的表示方式，那就是直接使用斜杠转义。示意如下：

```
.\+foo { color: red; }
```

其他字符也可以这样：

```
.\-foo { color: red; }
.\|foo { color: red; }
.\,foo { color: red; }
.\'foo { color: red; }
.\:foo { color: red; }
.\*foo { color: red; }
...
```

包括 IE 在内的浏览器都支持上面的斜杠转义写法，因此可以放心使用。唯一需要多提一句的就是冒号（:），在 IE7 浏览器下，直接使用\:是不被支持的，如果你的项目需要兼容这些浏览器，可以使用 \3a 加上空格代替。

（2）中文字符。下面的 CSS 也是有效的：

```
.我是 foo { color: red; }
```

（3）中文标点符号，例如：

```
.。foo { color: red; }
```

（4）emoji 表情：

```
.☺ { color: red; }
```

由于 emoji 字符在手机设备或者 OS X 系统上自动显示为 emoji 表情，因此有人会在实验性质的项目中使用 emoji 字符作为类名，这样，展示源代码的时候，会有一个一个的表情出现，这也挺有意思的。

至于其他转义字符，没有任何在实际项目中使用它们的理由。但我个人觉得中文命名可以一试，毕竟它的可读性更好，命名也更轻松，不需要去找翻译。

到此就结束了吗？还没有。

不知道大家有没有注意到图 3-4 中还有两个小圆框，其中一个里面是一根短横线（-），还有一个里面是连续两根短横线（--），它们是什么意思呢？

意思是，我们可以直接以短横线开头，如果是一根短横线（-），那么短横线后面必须有其他字符、字母或下划线或者其他编码字符；如果是连续两根短横线（--），则它的后面不跟任何字符也是合法的。因此，下面两个 CSS 语句都是合法的，都可以渲染：

```
.-- { color: red; }      /* 有效 */
.-a-b- { color: red; }   /* 有效 */
```

对于一些需要特殊标记的元素，可以试试以短横线开头命名，它一定会令人印象深刻。

3.3　CSS 选择器的命名是一个哲学问题

如果你正在参与的是一个独自开发、页面简单且上线几天就寿终正寝的小项目，则你可以完全放飞自我，CSS 选择器可以随便命名，中文、emoji 字符、各种高级选择器都可以用起来。但是，如果你正在开发多人协作，需要不断迭代、不断维护的项目，则一定要谨慎设计，考虑周全，以职业的态度面对命名这件事情。

自然，开发人员并不傻，也知道对于有些项目，要尽心尽力，他们会发挥出自己的巅峰实力，项目上线后也自我感觉良好。但那些自我感觉良好的开发人员写的 CSS 代码实际上往往质量堪忧，但开发人员却压根没意识到这个问题，最典型的就是 CSS 命名的设计很糟糕，他们早已经埋下巨大的隐患却浑然不知。

这样的现象太多了，真的太多了。正因为如此，我觉得有必要好好和大家聊聊 CSS 选择器命名的问题，先把选择器的 CSS 代码质量给提升上去。

3.3.1　长命名还是短命名

对于使用长命名还是短命名的问题，我的回答是请使用短命名。例如，一段介绍，类名可以这样：

```
.some-intro { line-height: 1.75; }
```

而没有必要这样：

```
.some-introduction { line-height: 1.75; }
```

后一种方式不仅增加了书写时间，也增加了 CSS 文件的大小。虽然这样做使语义更加准确了，也确实有一定价值，但价值很限。要知道，日后维护代码时，人们只会关心这个类名有没有在其他地方使用过？改变、删除这个类名会不会出现问题？至于语义，人们真的不关心。

CSS 选择器的语义和 HTML 的语义是不一样的，前者只是为了方便人的识别，它对于机器而言没有任何区别，因此价值很弱；但是 HTML 的语义的重要作用是让机器识别，如搜索引擎或者屏幕阅读器等，它是与用户体验与产品价值密切相关的。

因此，请使用短命名，足矣！一旦习惯，或者约定俗成，完全不影响阅读，就好比<p>标签是 paragraph 的简写，语义表示段落一样。

3.3.2　单命名还是组合命名

单命名的优点是字符少、书写快，缺点是容易出现命名冲突的问题；组合命名的优点是不容易出现命名冲突，但写起来较烦琐。样式冲突的性质比书写速度慢严重得多，因此，理论上推荐使用组合命名，但在实际开发中，项目追求的往往是效益最大化，而不是完美的艺术品。因此，具体该如何取舍，不能一概而论，只能从经验层面进行阐述。

（1）对于多人合作、长期维护的项目，千万不要出现下面这些以常见单词命名的单命名选择器，因为后期非常容易出现命名冲突的问题，即使你的项目不会引入第三方的 CSS：

```
.title {}      /* 不建议 */
.text {}       /* 不建议 */
.box {}        /* 不建议 */
```

这几个命名是出现频率最高的，一定要使用另外的前缀组合将它们保护起来，这个前缀可以是模块名称，或者场景名称，例如：

```
.dialog-title {}
.ajax-error-text {}
.upload-box {}
```

（2）如果你的项目会使用第三方的 UI 组件，就算是全站公用的 CSS，也不要出现下面这样的单命名，因为说不定下面的命名就会与第三方 CSS 发生冲突：

```
.header {}       /* 不建议 */
.main {}         /* 不建议 */
.aside {}        /* 不建议 */

.warning {}      /* 不建议 */
.success {}      /* 不建议 */

.red {}          /* 不建议 */
.green {}        /* 不建议 */
```

正确的做法是加一个统一的前缀，使用组合命名的方式。你可以随意命名这个前缀，可以是项目代号的英文缩写，也可以是产品名称的拼音首字母，因为这个前缀的作用是避免冲突，它并不需要任何语义。但需要注意的是前缀最好不要超过 4 个字母，因为字母多了完全没有任何意义，只会徒增 CSS 文件的大小。例如，"CSS 选择器"的英文是 CSS Selector，我就可以取 CSS 的首字母 C 和 Selector 的首字母 S 作为本书所有选择器的前缀类名，于是有：

```
.cs-header {}
.cs-main {}
.cs-aside {}
...
```

如果你认真观察所有的开源 UI 框架，会发现其 CSS 样式一定都有一个一致的前缀，因为这样做会避免发生冲突，我们自己开发项目的时候也要秉承这个理念。

（3）如果你的项目百分百是自主研发的，以后维护此项目的人也不会盗取别人的 CSS 来充数，则与网站公用结构、颜色相关的这些 CSS 可以使用单命名，例如：

```
.dark { color: #4c5161; }
.red { color: #f4615c; }
.gray { color: #a2a9b6; }
```

但对于非公用内容，如标题（.title）、盒子（.box）等就不能使用单命名，因为颜色这类样式是贯穿于整个项目的，具有高度的一致性，而标题（.title）会在很多地方出现，且样式各不相同，如大标题、小标题、弹框标题、模块标题等，容易产生命名冲突。

对于网站 UI 组件，各个业务模块一定要采用多名称的组合命名方式，且最好都有一个统一的命名前缀。

（4）如果你做的项目并不需要长期维护，也不需要多人合作，例如，只是一些运营活动，请务必添加统一的项目前缀，这都是过来人的忠告，因为这次活动的某些功能和效果日后会被复用，有了统一的前缀，日后直接复制代码就能使用，没有后顾之忧，大家都开心，例如：

```
.cs-title {}
.cs-text {}
.cs-box {}
```

但有一类基于 CSS 属性构建的单命名反而更安全，它们比颜色这些类名还要安全，即使项目会引入外部 CSS：

```
.db { display: block; }
.tc { text-align: center; }
.ml20 { margin-left: 20px; }
.vt { vertical-align: top; }
```

这种方式的命名更安全的原因在哪里呢？

（1）这些选择器命名是面向 CSS 属性的，它们是超越具体项目的存在，只会被重复定义，但不会发生样式冲突。

（2）面向 CSS 属性的命名是机械的、反直觉的，而面向语义的命名符合人类直觉，也就是说，对于一个标题，将它命名为 title 的人很多，但抛弃语义，直接使用 tc 命名的人却寥寥无几。更直白一点，从网上随机找两个 CSS 文件，其中 title 命名冲突的概率要比 tc 大好几个数量级。

这确实有些奇怪，如此短的命名反而不会产生冲突，这是我这 10 年来写过无数 CSS 所得出的结论。当然，我们最好还是尽可能降低冲突出现的概率，这样心里也踏实：

```
.g-db { display: block; }
.g-tc { text-align: center; }
.g-ml20 { margin-left: 20px; }
.g-vt { vertical-align: top; }
```

或者连前缀也直接省掉：

```
.-db { display: block; }
.-tc { text-align: center; }
.-ml20 { margin-left: 20px; }
.-vt { vertical-align: top; }
```

这样，一眼就能辨识这个类名是基于 CSS 属性创建的。

总结一下，除了多人合作、长期维护、不会引入第三方 CSS 的项目的全站公用样式可以使用单命名，其他场景都需要组合命名。

然而，即使将命名做到极致，也无法完全避免冲突，因为 CSS reset 的冲突是防不胜防的。例如，对于 body 标签选择器的设置，每个网站都不一样，很多第三方 CSS 甚至喜欢使用通配符：

```
*, *::before, *::after { box-sizing: border-box; }
```

后面 2 个伪元素前面的星号是多余的，这不重要，重要的是这段 CSS 会给其他网站布局带来毁灭性的影响，导致大量错位和尺寸变化，因为所有元素默认的盒模型都被改变了。希望大家在实际开发中不会遇到这样不靠谱的第三方，也不要成为这么不靠谱的第三方。

3.3.3 面向属性的命名和面向语义的命名

面向属性的命名指选择器的命名是跟着具体的 CSS 样式走的，与项目、页面、模块统统没有关系。例如，比较经典的清除浮动类名 .clearfix：

```
.clearfix:after { content: ''; display: table; clear: both; }
```

以及其他很多命名：

```
.dn { display: none; }
.db { display: block; }
.df { display: flex; }
.dg { display: grid; }
.fl { float: left; }
.fr { float: right; }
.tl { text-align: left; }
.tr { text-align: right; }
.tc { text-align: center; }
.tj { text-align: justify; }
...
```

面向语义的命名则是根据应用元素所处的上下文来命名的。例如：

```
.header { background-color: #333; color: #fff; }
.logo { font-size: 0; color: transparent; }
...
```

上述两种命名方式各有优缺点。

面向属性的命名的优点在于 CSS 的重用率高，性能最佳，即插即用，方便快捷，开发也极为迅速，因为它省去了大量在 HTML 和 CSS 文件之间切换的时间；不足在于由于属性单一，其适用场景有限，另外因为使用方便，易被过度使用，从而带来更高的维护成本。

面向语义的命名的优点是应用场景广泛，可以实现非常精致的布局效果，扩展方便；不足在于代码啰唆，开发效率一般，因为所有 HTML 都需要命名，哪怕是一个 10 像素的间距。这就导致很多开发者要么选择直接使用标签选择器，要么就选择一个简单的类名，然后通过父子关系限定样式，结果带来了更糟糕的维护问题。

```
.cs-foo > div { margin-top: 10px; }
.cs-foo .bar { text-align: center; }
```

两种选择器命名的优缺点对比见表 3-2。

表 3-2　两种选择器命名的优缺点对比

	优点	缺点
面向属性的命名	重用性高，方便快捷	适用场景有限
面向语义的命名	灵活丰富，应用场景广泛	代码笨重，效率一般

针对这两种命名，究竟该如何取舍？我的观点是：如果是小项目，则直接采用面向语义的命名方式；如果是多人合作的大项目，则两种方式都采用，因为项目越大，面向属性的命名的价值越能得到体现。这一点会在下一节深入探讨。

3.3.4　我是如何取名的

给选择器命名就和中午吃什么一样是一个难题。命名不能太长（如果类名可以压缩则例外），要包含语义，还要应付许多开发场景，有时候确实感觉脑细胞不够用。

这么多年的工作实践让我逐渐有了一套自己的命名习惯，我使用翻译软件的场景也越来越少了，这里分享一下自己的一些命名习惯，希望可以帮到大家。

1. 不要使用拼音

下面这样的命名就不要出现了：

```
.cs-tou {}      /* 不建议 */
.cs-hezi {}     /* 不建议 */
```

使用拼音虽然省力，对功能也没有影响，但却是一个比较傻的行为，因为它会让人觉得你比较业余。你自己命名是省力了，但这样的命名对其他同事而言却苦不堪言，因为可读性太差，不符合通常的命名习惯，会导致其他同事一下子反应不过来，例如，.cs-hezi 远不如.cs-box 一目了然；另外，同一个中文拼音往往可以对应多个不同文字，难以识别。

对于多人合作的项目，一定要注意克己，特立独行并不是用在这种场合中的。

但万事无绝对，如果一些中文类的专属名词和产品没有对应的英文名称，那么可以使用拼音，如 weibo、youku 等。

2. 从 HTML 标签中寻找灵感

HTML 标签本身就是非常好的语义化的短命名，且其数量众多，我们大可直接借鉴。例如[①]：

```
.cs-module-header {}
.cs-module-body {}
.cs-module-aside {}
.cs-module-main {}
.cs-module-nav {}
.cs-module-section {}
.cs-module-content {}
.cs-module-summary {}
.cs-module-detail {}
.cs-module-option {}
.cs-module-img {}
.cs-module-footer {}
```

上面的 header 到 footer 全部都是原生 HTML 标签，直接使用它们。这些命名可以与 HTML 标签不一一对应，例如：

```
<p class="cs-module-detail">详细内容……</p>
```

虽然命名中的关键字用的是 detail，但我们可以不使用<detail>元素而使用<p>元素，甚至使用<div>元素也可以。类名选择器和标签选择器不同，其可以无视标签，直达语义本身，更加灵活，因此，我们可以进一步放开思维。例如，对于列表，就算不是用的<li>标签，我们也可以在命名的时候使用 li，例如一个下拉菜单。为了更简洁的 HTML 代码，同时兼顾键盘等设备的无障碍访问，可以采用下面的 HTML 结构：

---

① 实际开发不建议使用 module 作为二级前缀，请使用具体的模块名称。

```
<div class="cs-module-ul" role="listbox">
    <a href class="cs-module-li" role="option">菜单内容 1</a>
    <a href class="cs-module-li" role="option">菜单内容 2</a>
    <a href class="cs-module-li" role="option">菜单内容 3</a>
    <a href class="cs-module-li" role="option">菜单内容 4</a>
    <a href class="cs-module-li" role="option">菜单内容 5</a>
</div>
```

对于列表想必很多人会使用 list，对于链接，很多人会使用 link，它们都是很好的命名，不过下次大家不妨直接尝试使用 li 和 a，说不定你会喜欢上这种更加精悍的基于 HTML 语义的命名：

```
.cs-module-li {}        /* 列表 */
.cs-module-a {}         /* 链接 */
```

我还会从其他 XML 语言中寻找命名灵感，例如 SVG，对于"组"，我会直接使用 g，而不是 group，这就是因为我借鉴了 SVG 中的<g>元素；对于"描述"，我会直接使用 desc，而不是 description，这也是因为我借鉴了 SVG 中的<desc>元素。

```
.cs-module-g {}         /* 组 */
.cs-module-desc {}      /* 描述 */
```

最后提供一点"私货"，供大家参考。对于一些大的容器盒子或者组件盒子，我现在已经不使用 box 这个词了，而直接用一个字母 x 代替，也就是：

```
.cs-module-x {}         /* module 容器盒子 */
```

这样做的原因有 3 个。

（1）多年的实践让我发现，所有这些常用的单词里面带有字母 x 的也就 box 这一个单词，直接使用 x 代替整个单词不会发生冲突，也容易记忆。

（2）box 是一个超高频出现的命名单词，使用一个字母 x 代替单词 box 可以节约代码量。例如，在某微博个人主页的 CSS 中搜索 box，结果多达 471 个匹配，我们大致计算一下，每一个 box 字符替换成 x 字符可以节约 2 字节，单这个 CSS 文件就可以节约 942 字节，将近 1KB，而一个 CSS 类名必然会在 HTML 代码中至少使用一次，也就意味着至少可以节约 2KB。

（3）字母 x 的结构上下左右均对称，每次写完，心里面都会非常舒畅，你会对这个字母上瘾。

3. 从 HTML 特定属性值中寻找灵感

表单元素多使用 type 属性进行区分，于是这类控件会直接采用标准的 type 属性值进行命名。例如：

```
.cs-radio {}
.cs-checkbox {}
.cs-range {}
```

其他一些属性值也可以用在对应内容的呈现上。例如，下面这些都是非常好的命名：

```
.cs-tspan-email {}
.cs-tspan-number {}
```

```
.cs-tspan-color {}
.cs-tspan-tel {}
.cs-tspan-date {}
.cs-tspan-url {}
.cs-tspan-time {}
.cs-tspan-file {}
```

无障碍访问相关的 role 属性也有很多语义化的属性值可供我们使用。例如，下面这些都是非常好的命名，可以牢记在心：

```
.cs-grid {}
.cs-grid-cell {}
.cs-log {}
.cs-menu {}
.cs-menu-bar {}
.cs-menu-item {}
.cs-region {}
.cs-row {}
.cs-slider {}
.cs-tab {}
.cs-tab-list {}
.cs-tab-panel {}
.cs-tooltip {}
.cs-tree {}
```

4．从 CSS 伪类和 HTML 布尔属性中寻找灵感

我们还可以借鉴 CSS 伪类以及部分 HTML 布尔属性的命名作为状态管理类名，例如：

- 激活状态状态管理类名.active 源自伪类:active；
- 禁用状态状态管理类名.disabled 源自伪类:disabled 或 HTML disabled 属性；
- 列表选中状态状态管理类名.selected 源自 HTML selected 属性；
- 选中状态状态管理类名.checked 源自伪类:checked 或 HTML checked 属性；
- 出错状态状态管理类名.invalid 源自伪类:invalid。

激活状态和选中状态本质上是类似的，其中，对于.checked 和.selected，我只会在模拟对应表单控件的场景下使用它们，其余情况下都是使用.active 代替，基本上，80%的状态类名都是.active 类名。

.disabled 用来表示案例或元素的禁用状态，比较常用。

.invalid 只会用在表单校验出错时使元素高亮显示，不算常用。

可以看到这里的状态类名都是单命名，如何使用它们有所讲究，具体可以参见 3.4.4 节。

3.4　CSS 选择器设计的最佳实践

将 CSS 选择器的命名了解通透，可以让你的 CSS 开发效率以及代码质量提升一个量级。

3.4.1　不要使用 ID 选择器

没有任何理由在实际项目中使用 ID 选择器。

虽然 ID 选择器的性能很不错，可以和类选择器分庭抗礼，但是由于它存在下面两个巨大缺陷，这个本就不太重要的优点更加不值一提。

（1）优先级太高。ID 选择器的优先级实在是太高了，如果我们想重置某些样式，必然还需要 ID 选择器进行覆盖，再多的类名都没有用，这会使得整个项目选择器的优先级变得非常混乱。如果非要使用元素的 ID 作为选择器标识，请使用属性选择器，如[id="csId"]。

（2）和 JavaScript 耦合。实际开发时，元素的 ID 主要用在 JavaScript 中，以方便 DOM 元素快速获取它。如果 ID 同时和样式关联，它的可维护性会大打折扣。一旦 ID 变化，必须同时修改 CSS 和 JavaScript，然而实际上开发人员只会修改一处，这就是很多后期 bug 产生的原因。

3.4.2　不要嵌套选择器

我见过太多类似下面的 CSS 选择器了：

```
.nav a {}
.box > div {}
.avatar img {}
```

还有这样的：

```
.box .pic .icon {}
.upbox .input .upbtn {}
```

在使嵌套更加方便的 Sass、Less 之类的预编译工具出现后，5 层、6 层嵌套的选择器也大量出现，这太糟糕了！它们都是特别差的代码，其性质比 JavaScript 中满屏的全局变量还要糟。

这种不动脑子偷懒的写法除了让你在写 HTML 代码的时候省点儿力，其他全是缺点，包括：

- 渲染性能糟糕；
- 优先级混乱；
- 样式布局脆弱。

1. 渲染性能糟糕

有两方面会对渲染性能造成影响，一是标签选择器，二是过深的嵌套。

CSS 选择器的性能排序如下：

- ID 选择器，如#foo；
- 类选择器，如.foo；
- 标签选择器，如 div；
- 通配选择器，如*；

- 属性选择器，如[href]；
- 部分伪类，如:checked。

其中，ID选择器的性能最好，类选择器处于同一个级别，差异很小，比标签选择器具有更加明显的性能优势。这么看似乎.box>div也是一个不错的用法，.box性能很高，选中后再匹配标签为div的子元素，性能还行吧。然而，很遗憾，CSS选择器是从右往左进行匹配渲染的，.box>div是先匹配页面所有的<div>元素，再匹配.box类名元素。如果页面内容丰富、HTML结构比较复杂，<div>元素多达上千个，同时这样低效的选择器又很多，则会带来明显可感知的渲染性能问题。

过深的嵌套会对性能产生影响就更好理解了，因为每加深一层嵌套，浏览器在进行选择器匹配的时候会多一层计算。一两个嵌套对性能自然毫无影响，但是，如果数千行CSS都采用了这种多层嵌套，量变会引起质变，此时，光CSS样式的解析就可以到达百毫秒级别。

然而在大多数场景下，讨论CSS选择器的性能问题是一个伪命题。首先，我们实际开发的大多数页面都比较简单，选择器用得再不合理，性能差异也不会太大；其次，就算页面很复杂，300毫秒和30毫秒的性能差异也不会成为页面性能的瓶颈，你付出千万分的努力所带来的优化说不定还远不如优化一张广告图的尺寸来得大。

因此，渲染性能糟糕确实是一个缺点，但这只是相对而言的，并不是严重的问题。大家可以把注意力放在下面两个缺点上，它们才是关键缺陷。

2. 优先级混乱

选择器优先级有一个原则，那就是尽可能保持较低的优先级，这样方便以较低的成本重置一些样式。

然而，一旦选择器开始嵌套，优先级规则就会变得复杂，当我们想要重置某些样式的时候，你会发现一个类名不管用，两个类名也不管用，打开控制台一看，你希望重置的样式居然有6个选择器依次嵌套。例如，我从某知名网站首页找的这段CSS：

```
.layer_send_video_v3 .video_upbox dd .dd_succ .pic_default img {}
```

此时，如果想要重置img的样式，只有这几种方法：一是使用同一优先级的选择器，但这个选择器的位置在需要重置的CSS代码的后面；二是使用更深的层级，例如，使用7层选择器，这是最常用的方法；三是要么使用备受诟病的ID选择器，要么使用具有"大杀伤性"的!important。但它们都是很糟糕的解决方法。

我相信，只要稍微有点CSS开发经验的人，一定遇到过这类优先级覆盖无效的问题，很多人都习以为常，认为这类问题很难避免，但总有解决之道。实际上，只要你彻底放弃这种嵌套写法，确实可以完全避免它。

3. 样式布局脆弱

还是这段反例CSS：

```
.layer_send_video_v3 .video_upbox dd .dd_succ .pic_default img {}
```

这段 CSS 中出现了 2 个标签选择器 dd 和 img，在实际开发维护的过程中，调整 HTML 标签是非常常见的事情，例如，将<dd>元素换成语义更好的<section>。但是，如果使用的是 dd 和 img 选择器，HTML 标签是不能换的，因为如果标签换了，整个样式都会无效，你必须去 CSS 文件中找到对应的标签选择器进行同步修改，维护成本巨大。

另外，过多选择器层级已经完全限定死了 HTML 结构，导致日后想通过 HTML 调整层级或者位置非常困难，因为你一动就发现样式挂掉了，样式布局非常脆弱，非常难以维护，会带来巨大的人力成本和样式布局风险。

4．正确的选择器用法

正确的选择器用法是全部使用无嵌套的纯类名选择器。

例如，不要再使用下面的 HTML 和 CSS 代码了：

```
<nav class="nav">
    <a href>链接 1</a>
    <a href>链接 2</a>
    <a href>链接 3</a>
</nav>
.nav {}
.nav a {}
```

请换成：

```
<nav class="cs-nav">
    <a href class="cs-nav-a">链接 1</a>
    <a href class="cs-nav-a">链接 2</a>
    <a href class="cs-nav-a">链接 3</a>
</nav>
.cs-nav {}
.cs-nav-a {}
```

不要再使用下面的 HTML 和 CSS 代码了：

```
<div class="box">
    <figure class="pic">
        <img src="./example.png" alt="示例图片">
        <figcaption><i class="icon"></i>图片标题</figcaption>
    </figure>
</div>
.box {}
.box .pic {}
.box .pic .icon {}
```

请换成：

```
<div class="cs-box">
    <figure class="cs-box-pic">
        <img src="./example.png" alt="示例图片">
```

```
      <figcaption><i class="cs-box-pic-icon"></i>图片标题</figcaption>
    </figure>
</div>
.cs-box {}
.cs-box-pic {}
.cs-box-pic-icon {}
```

还有不要再出现下面这样的语句了：

```
.layer_send_video_v3 .video_upbox dd .dd_succ .pic_default img { display: block; }
```

直接写成下面这个就好了：

```
.pic_default_img { display: block; }
```

基本布局就使用没有嵌套、没有级联的类选择器就可以了。这样的选择器代码少、性能高、扩展性强、维护成本低，没有任何不使用的理由！

只有当我们需要更高的优先级重置某些样式，或者没有操作 HTML 元素权限的时候（如动态富文本）才需要借助其他选择器、各类选择符以及五花八门的伪类设置 CSS 样式。

然而，我也知道，给每个 HTML 标签都命名很耗费脑细胞；每个 HTML 标签都要写 class，还要在 HTML 文件和 CSS 文件之间来回切换，十分耗费开发时间。人天生是懒惰的，加上项目时间紧，偷懒使用现成的 HTML 标签作为选择器也无可厚非。但实际上这些问题是有解决方法的，那就是面向属性的命名，它可以用于解决这"最后一千米"的效率问题。

3.4.3　不要歧视面向属性的命名

不少开发者是不认可下面这种基于 CSS 属性本身的命名方式的，尤其是 Web 标准刚兴起的那段时期：

```
.dn { display: none; }
.db { display: block; }
.dib { display: inline-block; }
...
.ml20 { margin-left: 20px; }
...
.vt { vertical-align: top; }
.vm { vertical-align: middle; }
.vb { vertical-align: vb;}
...
.text-ell { text-overflow: ellipsis; white-space: nowrap; overflow: hidden; }
.abs-clip { position: absolute; clip: rect(0 0 0 0); }
...
```

为什么呢？因为这类命名本质上和在 HTML 元素上写 style 属性没有什么区别，例如：

```
<span class="dib ml20">文字</span>
```

的性质和

```
<span style="display:inline-block; margin-left: 20px;">文字</span>
```

是一样的。只是前者在书写上更为简洁，优先级更低。

然后有意思的事情来了，当我们需要调整样式的时候，改动的是 HTML，而非 CSS，这不等于 HTML 和 CSS 耦合在一起了吗？于是很多人就接受不了，尤其在推崇内容和样式分离的年代。我们做技术，一定要保持理性，要有自己的思考，千万不要被迷惑，最合适的才是最好的。技术的发展也像流行趋势一样是一个圈，转了一圈又回来了。随着 React 等框架的兴起，"CSS in JavaScript" 的概念居然也出现了，CSS 居然和 JavaScript 也耦合了，这要是放在 10 年前，简直不可思议！

所以面向属性的命名用法本身没有任何问题，关键看你怎么用，以及在什么地方用。

我习惯将一个网站的页面归纳为下面几块：公用结构、公用模块、UI 组件、精致布局和一些细枝末节。其中公用结构、公用模块、UI 组件、精致布局都不适合使用面向属性的类名，前 3 个属于页面公用内容，如果使用了面向属性的类名，日后维护起来会很不方便，因为这些内容散布在项目的各个角落，一旦需要修改，则需要找到所有散布的 HTML 代码，显然维护成本很高。精致布局也不适合使用面向属性的类名，因为面向属性的类名属性单一，无法完全驾驭精致的样式布局，还需要额外的语义化的类名，既然需要新的类名，也就没有使用面向属性类名的必要。

而一些细枝末节和特殊场景的微调则非常适合这种面向属性的命名。这种命名能规避缺点，发挥优点。例如还是这段 CSS：

```
.layer_send_video_v3 .video_upbox dd .dd_succ .pic_default img { display: block; }
```

在某个很深的角落里有一张图片，我们希望这张图片的 display 表现为 block，这样底部就不会有空白间隙。这是一个完全不会在其他地方重用的 CSS，就算你专门给它命名一个语义化的 CSS，类似这样：

```
.pic_default_img { display: block; }
```

也没有任何价值。类名的意义就在于重复利用，如果它只是一次性的产物，真不如直接写 style 内联样式，因为至少 DOM 元素的父子关系不会被 CSS 后代选择器限制住。CSS 开发者似乎也意识到了这个问题，为了一个完全不会在其他地方使用的样式，绞尽脑汁想一个不会产生冲突的名称完全是一件收益为负的事情，于是就直接使用了标签选择器，少了一次命名和一次在 HTML 文件和 CSS 文件之间的切换，心理收益平衡了。

```
.dd_succ .pic_default img { display: block; }
```

但是这种懒惰降低了代码质量，增加了维护的成本。实际上，这个问题是有非常好的解决之道的，那就是面向属性的类名。

我们无须专门为一个完全不会重复使用的样式命名，也不需要在 HTML 文件、CSS 文件之间来回切换，也不会有性能、优先级以及维护性等方面的问题，你只需要在书写<img>元素的时候顺便加上一个名为'db'的类名就好了。

```
<figure class="pic_default">
   <img src="1.png" class="db">
</figure>
```

日后就算你变更父元素类名，将<img>元素换成其他元素，也不用担心样式问题。

```
<figure class="cs-pic-default">
   <svg class="db"></svg>
</figure>
```

实际开发中，面向属性的类名的应用场景有很多，比方说设置两个按钮之间的间距、某段文字的字号、文字超出宽度后以...显示以及一些特殊场景的微调，甚至包括给公用的 UI 组件或模块快速打补丁。举个大家都可能遇到过的例子，我们在写按钮组件的时候喜欢设置 vertical-align:middle，这样它和文字并排显示的时候也会垂直居中：

```
.cs-button {
   display: inline-block;
   vertical-align: middle;
   ...
}
```

这种用法一直用得好好的，突然在某个页面这个按钮要和<textarea>元素一行显示，由于<textarea>元素的高度比按钮高很多，因此顶对齐效果才好看，按钮设置中的 vertical-align:middle 显然不合适，需要将它修改成 vertical-align:top，怎么办？

这时多半会借助祖先类名重置一下，类似于：

```
.cs-xxxx .cs-button {
   vertical-align: top;
}
```

其实有更轻、更快、更好、更省的做法，只需要在写 HTML 时候顺手加一下 vt 就可以了：

```
<button class="cs-button vt">按钮</button>
```

这个例子也体现了"不要嵌套选择器"的好处——非常便于样式重置与维护。由于类名没有嵌套，因此同样没有嵌套的 vt 能够正确重置.cs-button 中设置的 vertical-align:middle 声明，从而实现我们需要的效果。

3.4.4　正确使用状态类名

页面交互总是伴随着各种状态变化，包括禁用状态、选中状态、激活状态等。大多数前端人员在实现这些交互效果的时候是没有什么规范或者准则的。例如，一个常见的点击"更多"从而显示全部文字内容的交互：

```
<div id="content" class="cs-content">
   文字内容...
   <a href="javascript:" id="more" class="cs-content-more">更多</a>
</div>
.cs-content {
   height: 60px;
   line-height: 20px;
```

```
    overflow: hidden;
}
```

默认只显示 3 行文字，点击"更多"才会显示全部的文字内容。根据我的观察，多使用下面这两种方法来实现。

（1）用 JavaScript 一步搞定：

```
more.onclick = function () {
    content.style.height = 'auto';
};
```

（2）用 CSS 类名控制：

```
.height-auto {
    height: auto;
}
```

此时 JavaScript 代码为：

```
more.onclick = function () {
    content.className += ' height-auto';
};
```

其实从产品角度讲，上面两种方式都无伤大雅，都是不错的实现，但是从代码层面讲，它们均有不足之处。

（1）JavaScript 直接控制样式的不足。由于我们的网页样式是由 CSS 控制的，一旦 JavaScript 也参与样式控制，CSS 和 JavaScript 就存在交叉关系，这样就增加了潜在的维护成本。需求一变，需要同时修改 CSS 和 JavaScript，考虑到很多公司写 CSS 的和写 JavaScript 的不是同一个人，这就导致样式变化要动用两个人力参与维护，从而增加了人力成本和开发周期。

（2）命名语义过于随意的问题。类名样式保持语义本无可厚非，但是对于使用 JavaScript 实现的交互效果而言，语义化反而是问题所在。例如我们一看 .height-auto 就知道其背后的样式与高度 auto 有关，但是由于类名的添加是在 JavaScript 中完成的，因此本质上下面这两种实现没有任何区别：

```
more.onclick = function () {
    content.style.height = 'auto';
};
more.onclick = function () {
    content.className += ' height-auto';
};
```

例如，设计师突然希望这里的展开不要这么生硬，要有动画效果，虽然说从技术的角度来讲，我们只需要修改 CSS 代码就可以了，但是，对于这个 .height-auto 命名就有些一言难尽了。设想一下，如果我们把里面的样式改成了 CSS3 动画的相关内容，是不是就牛头不对马嘴了？是不是要去 JavaScript 中把这个类名改成 .height-animate 之类的。看，最后还是改了两处地方。

另外，还有一个看上去不是问题的问题，那就是，一个页面往往会有很多的交互效果，如果每个交互效果都有一个对应的类名来进行控制，那岂不是 JavaScript 文件中有很多控制样式的类名，代码的可维护性就变差了。

最佳实践方法就是使用 .active、.checked 等这种状态类名进行交互控制。

```
more.onclick = function () {
    content.className += ' active';
};
```

而且是项目中所有的页面交互都使用这个状态类名进行交互控制，没错，是所有！

但这样做难道不会造成样式冲突吗？不会，大家只要遵循下面这条准则即可：**.active 状态类名自身绝对不能有 CSS 样式**！

再重复一遍，.active 类名自身无样式，就是一个状态标识符，用来与其他类名发生关系，让其他类名的样式发生变化。这种关系可以是父子、兄弟或者自身。还是看看点击"更多"展开全部文字这个例子：

```
.cs-content {
    height: 60px;
    line-height: 20px;
    overflow: hidden;
}
.cs-content.active {
    height: auto;
}
.active > .cs-content-more {
    display: none;
}
```

JavaScript 代码如下：

```
more.onclick = function () {
    content.className += ' active';
};
```

可以看到，高度变化是由 .cs-content.active 级联类名触发的，"更多"按钮隐藏是由 .active>.cs-content-more 父子关系触发的。.active 类名本身没有任何样式，就是一个状态标识符，虽然 .active 类名出现在了 JavaScript 中，但是由于其本身无样式，因此是真正意义上的样式和行为分离！

例如，设计师突然希望展开的过程以动画形式呈现，直接修改 CSS 即可，JavaScript 不需要任何改动，因为 JavaScript 中没有包含任何样式：

```
.cs-content {
    max-height: 60px;
    line-height: 20px;
    transition: max-height .5s;
    overflow: hidden;
}
.cs-content.active {
    max-height: 200px;
}
.active > .cs-content-more {
    display: none;
}
```

很显然，基于状态类名实现交互控制可以有效降低日后的维护成本，除此之外，还有其他很多优点。

（1）不再为命名烦恼。开发者不再花精力和时间想合适的命名，因此提高了开发效率。

（2）可读性更强了。CSS 和 JavaScript 代码的可读性更强了，一旦在 CSS 或 JavaScript 中看到'.active'，大家都知道页面的这块内容包含交互效果。

（3）JavaScript 代码量更少了。例如，我们在全局或者顶层局部定义了这么一个变量：

```
var ACTIVE = 'active';
```

由于我们所有的交互都只用这一个类名，因此 JavaScript 代码的压缩率更高，也更好维护。

（4）类名压缩成为可能。我从未在国内见到 HTML 类名是有压缩的，类名压缩最大的阻碍就是我们在实现交互效果的时候把带有 CSS 样式的类名混在 JavaScript 文件中，并且命名随意，还会把类名字符串进行分隔处理，尤其是一些网上的 UI 组件，类似：

```
var classNameRoot = 'swipe-slide-';
```

然后，通过这个类名前缀，拼接其他类名，你说，这该如何准确压缩。

但是，如果大家正确使用状态类名，我们就可以通过简单配置不参与压缩的类名来实现我们的类名压缩效果。例如，在 config.js 中：

```
{
    "compressClassName": true,
    "ignoreClassName": ["active", "disabled", "checked", "selected", "open"]
}
```

具体实现非本书重点，这里不展开讲述。需要注意的是，类名压缩需要 CSS 规范约束，同时需要有良好的 CSS 编码习惯才行，多人合作的项目不太实际，你无法保证别人和你一样专业。

建议状态类名的命名也尽可能和原生控件的标准 HTML 属性一致，这样代码更易读，也显得你更专业。例如对于自定义单复选框的选中状态，建议使用.checked，对于自定义下拉列表的选中状态，建议使用.selected，对于自定义弹框，建议使用.open。其余全部可以采用.active。当然，这只是我的个人习惯，我见过有人使用.on 作为状态类名，这也是可以的。

3.4.5 最佳实践汇总

最后，有必要对 CSS 选择器设计的最佳实践做一个补充和总结。

1. 命名书写

（1）命名建议使用小写，使用英文单词或缩写，对于专有名词，可以使用拼音，例如：

```
.cs-logo-youku {}
```

不建议使用驼峰命名，驼峰命名建议专门给 JavaScript DOM 用，以便和 CSS 样式类名区分开。

```
.csLogoYouku {}    /* 不建议 */
```

（2）对于组合命名，可以短横线或下划线连接，可以组合使用短横线和下划线，也可以连续短横线或下划线连接，任何方式都可以，只要在项目中保持一致就可以：

```
.cs-logo-youku {}
.cs_logo_youku {}
.cs-logo--youku {}
.cs-logo__youku {}
```

组合个数没有必要超过 5 个，5 个是极限。

（3）设置统一前缀，强化品牌同时避免样式冲突：

```
.cs-header {}
.cs-logo {}
.cs-logo-a {}
```

这样，CSS 代码的美观度也会提升很多。

2．选择器类型

根据选择器的使用类型，我将网站 CSS 分为 3 个部分，分别是 CSS 重置样式、CSS 基础样式和 CSS 交互变化样式。

无论哪种样式，都没有任何理由使用 ID 选择器，实在要用，使用属性选择器代替，它的优先级和类选择器一模一样。

```
[id="someId"] {}
```

CSS 样式的重置可以使用标签选择器或者属性选择器等：

```
body, p { margin: 0; }

[type="radio"],
[type="checkbox"] {
    position: absolute; clip: rect(0 0 0 0);
}
```

所有的 CSS 基础样式全部使用类选择器，没有层级，没有标签。

```
.cs-module .img {}      /* 不建议 */
.cs-module-ul > li {}    /* 不建议 */
```

不要偷懒，在 HTML 的标签上都写上不会冲突的类名：

```
.cs-module-img {}
.cs-module-li {}
```

所有 HTML 都需要重新命名的问题可以通过面向属性命名的 CSS 样式库得到解决。

所有选择器嵌套或者级联，所有的伪类全部都在 CSS 交互样式发生变化的时候使用。例如：

```
.cs-content.active {
    height: auto;
```

```
}
.active > .cs-content-more {
    display: none;
}
```

例如：

```
.cs-button:active {
    filter: hue-rotate(5deg);
}
.cs-input:focus {
    border-color: var(--blue);
}
```

状态类名本身不包含任何 CSS 样式，它就是一个标识符。

如果我们无法修改 HTML，例如无法通过修改 class 属性添加新的类名，则级联、嵌套，以及各种高级伪类的使用都不受上面规则的限制。

再和目前很多人的实现对比一下，最佳实践的不同之处就在于：

- 无标签，无层级；
- 状态类名标识符；
- 面向属性命名的 CSS 样式库。

3. CSS 选择器分布

一图胜千言，我们先来看一下图 3-5。

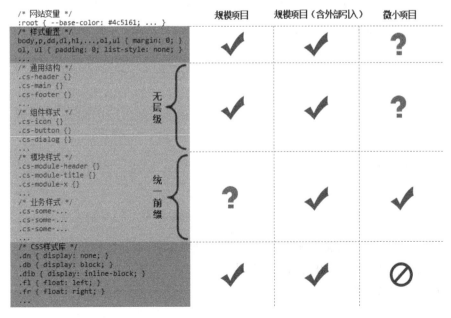

图 3-5 CSS 选择器设计最佳实践示意

图 3-5 中的对号表示需要使用与遵循的，问号表示可以使用也可以不使用的，禁止符号表示不建议使用的。大家可以根据自己项目的实际情况制定更优的选择器设计策略。

4. 极致与权衡

对极致代码的追求无可厚非，但物极必反，一味追求完美无瑕的代码，说不定会带来另外的成本提升，作为一个成熟的职业的开发人员，要学会适当抛弃代码层面的自我满足，学会站在利益的角度权衡出最好的实践。

说这句话的用意是，虽然理论上，上面我总结的最佳实践是最完美的，但并不是要求大家死板遵循，大家可以根据自己的经验评估，需要掌握一个度。举例来说，我希望某列表的第一个元素的 margin-top 为 0，理论上最好的方法是在 HTML 输出的时候判断这个元素是否是列表的第一个元素，然后加个专门的类名。例如：

```
<ul class="cs-module-ul">
    <li class="cs-module-li cs-module-li-first">列表 1</li>
    <li class="cs-module-li">列表 2</li>
    <li class="cs-module-li">列表 3</li>
</ul>
```

CSS 如下：

```
.cs-module-li { margin-top: 20px; }
.cs-module-li-first { margin-top: 0; }
```

但是，在实际开发的时候，判断一个列表位置是需要额外的逻辑的，这个逻辑往往由负责页面内容输出的开发人员来实现，如果我们将我们对于样式的需求交给了开发人员，不仅麻烦了别人，又给日后的维护带来了更多的风险，所以，在这种场景下，更好的实现其实是伪类：

```
<ul class="cs-module-ul">
    <li class="cs-module-li">列表 1</li>
    <li class="cs-module-li">列表 2</li>
    <li class="cs-module-li">列表 3</li>
</ul>
.cs-module-li { margin-top: 20px; }
.cs-module-li:first-child { margin-top: 0; }
```

如果无须兼容 IE8，还可以像下面这样实现：

```
.cs-module-li:not(:first-child) {
    margin-top: 20px;
}
```

虽然 CSS 代码层面的性能有所降低，优先级也被提高了，但这些影响极小概率会带来可感知的问题，相比麻烦另外一个开发同事要更划算。

重要的是要学会权衡。

第 4 章

精通 CSS 选择符

CSS 选择符目前有下面这几个：后代选择符空格（ ）、子选择符箭头（>）、相邻兄弟选择符加号（+）、随后兄弟选择符弯弯（~）和列选择符双管道（||）。其中对于前 4 个选择符，浏览器支持的时间较早，非常实用，是本章的重点。最后的列选择符算是"新贵"，与 Table 等布局密切相关，但目前浏览器的兼容性还不足以使它被实际应用，因此就简单介绍下。

4.1 后代选择符空格（ ）

后代选择符是非常常用的选择符，随手抓一个线上的 CSS 文件就可以看到这个选择符，它从 IE6 时代就开始被支持了。但即使天天见，也不见得真的很了解它。

4.1.1 对 CSS 后代选择符可能错误的认识

看这个例子，HTML 和 CSS 代码分别如下：

```
<div class="lightblue">
   <div class="darkblue">
      <p>1. 颜色是？</p>
   </div>
</div>
<div class="darkblue">
   <div class="lightblue">
      <p>2. 颜色是？</p>
   </div>
</div>
.lightblue { color: lightblue; }
.darkblue { color: darkblue; }
```

请问文字的颜色是什么？

这个问题比较简单，因为 color 具有继承特性，所以文字的颜色由 DOM 最深的赋色元素决定，因此 1 和 2 的颜色分别是深蓝色和浅蓝色，如图 4-1 所示。

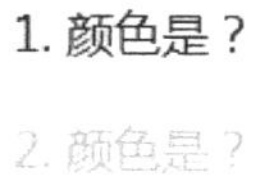

1. 颜色是？

2. 颜色是？

图 4-1　类选择器与文字颜色

这个示例配有演示页面，读者可以手动输入 https://demo.cssworld.cn/selector/4/1-1.php 或扫描下面的二维码亲自体验与学习。

但是，如果把这里的类选择器换成后代选择符，那就没这么简单了，很多人会搞错最终呈现的文字颜色：

```
<div class="lightblue">
   <div class="darkblue">
      <p>1. 颜色是？</p>
   </div>
</div>
<div class="darkblue">
   <div class="lightblue">
      <p>2. 颜色是？</p>
   </div>
</div>
.lightblue p { color: lightblue; }
.darkblue p { color: darkblue; }
```

早些年我拿这道题作为面试题，全军覆没，无人答对，大家都认为结果是深蓝色和浅蓝色，实际上不是，正确答案是，1 和 2 全部都是深蓝色，如图 4-2 所示。

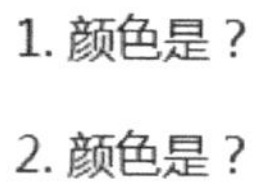

1. 颜色是？

2. 颜色是？

图 4-2　后代选择器与文字颜色

很多人会搞错的原因就在于他们对后代选择符有错误的认识，当包含后代选择符的时候，整个选择器的优先级与祖先元素的 DOM 层级没有任何关系，这时要看落地元素的优先级。在本例中，落地元素就是最后的<p>元素。两个<p>元素彼此分离，非嵌套，因此 DOM 层级平行，没有先后；再看选择器的优先级，.lightblue p 和.darkblue p 是一个类选择器（数值

10）和一个标签选择器（数值 1），选择器优先级的计算值一样；此时就要看它们在 CSS 文件中的位置，遵循"后来居上"的规则，由于 .darkblue p 更靠后，因此，<p>都是按照 color:darkblue 进行颜色渲染的，于是，最终 1 和 2 的文字颜色全部都是深蓝色。

　　读者可以手动输入 https://demo.cssworld.cn/selector/4/1-2.php 或扫描下面的二维码亲自体验与学习。

　　有点反直觉，大家可以多琢磨琢磨、消化消化。

　　如果觉得已经理解了，可以看看下面这两段 CSS 语句，算是一个小测验。

　　例 1：此时 1 和 2 的文字颜色是什么？

```
:not(.darkblue) p { color: lightblue; }
.darkblue p { color: darkblue; }
```

　　答案：1 和 2 的文字颜色也同样都是 darkblue（深蓝色）。因为 :not() 本身的优先级为 0（详见第 2 章），所以 :not(.darkblue) p 和 .darkblue p 的优先级计算值是一样的，遵循"后来居上"的规则，.darkblue p 位于靠后的位置，因此 1 和 2 的文字颜色都是深蓝色。

　　例 2：此时 1 和 2 的文字颜色是什么？

```
.lightblue.lightblue p { color: lightblue; }
.darkblue p { color: darkblue; }
```

　　答案：1 和 2 的文字颜色都是 lightblue（浅蓝色）。因为选择器 .lightblue.lightblue p 的优先级更高。

4.1.2　对 JavaScript 中后代选择符可能错误的认识

　　直接看例子，HTML 如下：

```
<div id="myId">
    <div class="lonely">单身如我</div>
    <div class="outer">
        <div class="inner">内外开花</div>
    </div>
</div>
```

　　下面使用 JavaScript 和后代选择器获取元素，请问下面两行语句的输出结果分别是：

```
// 1. 长度是?
document.querySelectorAll('#myId div div').length;
// 2. 长度是?
document.querySelector('#myId').querySelectorAll('div div').length;
```

很多人会认为这两条语句返回的长度都是 1，实际上不是，它们返回的长度值分别是 1 和 3！图 4-3 是我在浏览器控制台测试出来的结果。

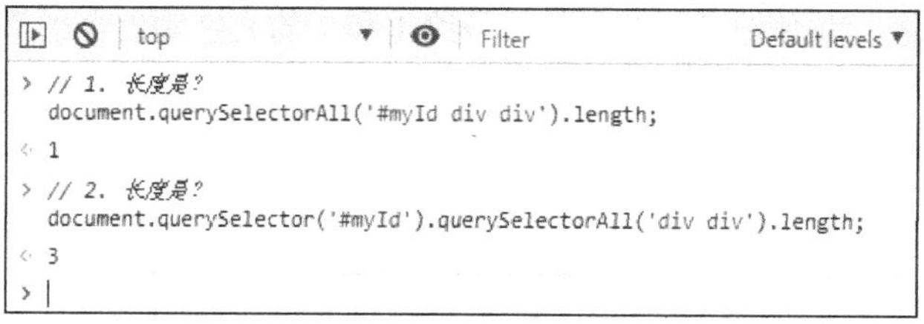

图 4-3 JavaScript 后代选择器获取的元素的长度

第一个结果符合我们的理解，不解释。为何下一个语句返回的 NodeList 的长度是 3 呢？其实这很好解释，一句话：CSS 选择器是独立于整个页面的！

什么意思呢？例如，你在页面一个很深的 DOM 元素里面写上：

```
<style>
div div { }
</style>
```

整个网页，包括父级，只要是满足 div div 这种后代关系的元素，全部都会被选中，对吧，这点大家都清楚的。

querySelectorAll 里面的选择器同样也是全局特性。document.querySelector('#myId').querySelectorAll('div div')翻译过来的意思就是：查询#myId 元素的子元素，选择所有同时满足整个页面下 div div 选择器条件的 DOM 元素。

此时我们再仔细看看原始的 HTML 结构会发现，在全局视野下，div.lonely、div.outer、div.inner 全部都满足 div div 这个选择器条件，于是，最终返回的长度为 3。如果我们在浏览器控制台输出所有 NodeList，也是这个结果：

```
NodeList(3) [div.lonely, div.outer, div.inner]
```

这就是对 JavaScript 中后代选择符可能错误的认识。

其实，要想 querySelectorAll 后面的选择器不是全局匹配，也是有办法的，可以使用:scope 伪类，其作用就是让 CSS 选择器的作用域局限在某一范围内。例如，可以将上面的例子改成下面这样：

```
// 3. 长度是?
document.querySelector('#myId').querySelectorAll(':scope div div').length;
```

则最终的结果就是 1，如图 4-4 所示。

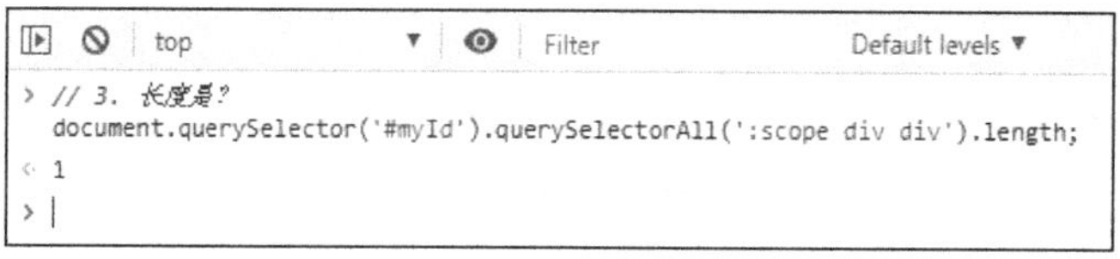

图 4-4 :scope 伪类下获取的元素的长度

关于 :scope 伪类的更多内容，可以参见第 12 章。

4.2　子选择符箭头（>）

子选择符也是非常常用、非常重要的一个选择符，IE7 浏览器开始支持，和后代选择符空格有点"远房亲戚"的感觉。

4.2.1　子选择符和后代选择符的区别

子选择符只会匹配第一代子元素，而后代选择符会匹配所有子元素。

看一个例子，HTML 结构如下：

```
<ol>
    <li>颜色是? </li>
    <li>颜色是?
        <ul>
            <li>颜色是? </li>
            <li>颜色是? </li>
        </ul>
    </li>
    <li>颜色是? </li>
</ol>
```

CSS 如下：

```
ol li {
    color: darkblue;
    text-decoration: underline;
}
ol > li {
    color: lightblue;
    text-decoration: underline wavy;
}
```

由于父子元素不同的 text-decoration 属性值会不断累加，因此我们可以根据下划线的类型准确判断出不同选择符的作用范围。最终的结果如图 4-5 所示。

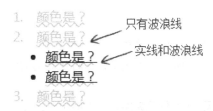

图 4-5　子选择符和后代选择符的测试结果截图

可以看到，外层所有文字的下划线都只有波浪类型，而内层文字的下划线是实线和波浪线的混合类型。而实线下划线是 ol li 选择器中的 text-decoration:underline 声明产生的，波浪线下划线是 ol>li 选择器中的 text-decoration:underline wavy 声明产生的，这就说明，ol>li 只能作用于当前子<li>元素，而 ol li 可以作用于所有的后代<li>元素。

以上就是这两个选择符的差异。显然后代选择符的匹配范围要比子选择符的匹配范围更广，因此，同样的选择器下，子选择符的匹配性能要优于后代选择符。但这种性能优势的价值有限，几乎没有任何意义，因此不能作为选择符技术选型的优先条件。

图 4-5 配有演示页面，读者可以手动输入 https://demo.cssworld.cn/selector/4/2-1.php 或扫描下面的二维码亲自体验与学习。

4.2.2　适合使用子选择符的场景

能不用子选择符就尽量不用，虽然它的性能优于后代选择符，但与其日后带来的维护成本比，这实在不值一提。

举个例子，有一个模块容器，类名是 .cs-module-x，这个模块在 A 区域和 B 区域的样式有一些差异，需要重置，我们通常的做法是给容器外层元素重新命名一个类进行重置，如 .cs-module-reset-b，此时，很多开发者（也没想太多）就使用了子选择符：

```
.cs-module-reset-b > .cs-module-x {
    width: fit-content;
}
```

作为过来人，建议大家使用后代选择符代替：

```
/* 建议 */
.cs-module-reset-b .cs-module-x {
    position: absolute;
}
```

因为一旦使用了子选择符，元素的层级关系就被强制绑定了，日后需要维护或者需求发生变化的时候一旦调整了层级关系，整个样式就失效了，这时还要对 CSS 代码进行同步调整，增加了维护成本。

记住：**使用子选择符的主要目的是避免冲突**。本例中，.cs-module-x 容器内部不可能再有一个 .cs-module-x，因此使用后代选择符绝对不会出现冲突问题，反而会让结构变得更加灵活，就算日后再嵌套一层标签，也不会影响布局。

适合使用子选择符的场景通常有以下几个。

（1）状态类名控制。例如使用.active 类名进行状态切换，会遇到祖先和后代都存在.active 切换的场景，此时子选择符是必需的，以免影响后代元素，例如：

```
.active > .cs-module-x {
    display: block;
}
```

（2）标签受限。例如当<li>标签重复嵌套，同时我们无法修改标签名称或者设置类名的时候（例如 WordPress 中的第三方小工具），就需要使用子选择符进行精确控制。

```
.widget > li {}
.widget > li li {}
```

（3）层级位置与动态判断。例如一个时间选择组件的 HTML 通常会放在<body>元素下，作为<body>的子元素，以绝对定位浮层的形式呈现。但有时候其需要以静态布局嵌在页面的某个位置，这时如果我们不方便修改组件源码，则可以借助子选择符快速打一个补丁：

```
:not(body) > .cs-date-panel-x {
    position: relative;
}
```

意思就是当组件容器不是<body>子元素的时候取消绝对定位。

子选择符就是把双刃剑，它通过限制关系使得结构更加稳固，但同时也失去了弹性和变化，需要审慎使用。

4.3　相邻兄弟选择符加号（＋）

相邻兄弟选择符也是非常实用的选择符，IE7 及以上版本的浏览器支持，它可以用于选择相邻的兄弟元素，但只能选择后面一个兄弟。我们将通过一个简单的例子快速了解一下相邻兄弟选择符，HTML 和 CSS 如下：

```
<ol>
    <li>1. 颜色是？</li>
    <li class="cs-li">2. 颜色是？</li>
    <li>3. 颜色是？</li>
    <li>4. 颜色是？</li>
</ol>
.cs-li + li {
    color: skyblue;
}
```

结果如图 4-6 所示。

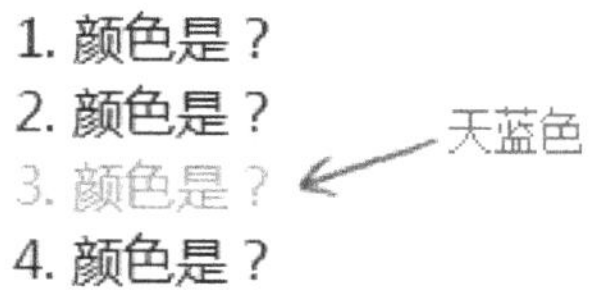

图 4-6 相邻兄弟选择符测试结果截图

可以看到，.cs-li 后面一个<li>的颜色变成天蓝色了，结果符合我们的预期，因为.cs-li+li 表示的就是选择.cs-li 元素后面一个相邻且标签是 li 的元素。如果这里的选择器是.cs-li+p，则不会有元素被选中，因为.cs-li 后面是<li>元素，并不是<p>元素。

读者可以手动输入 https://demo.cssworld.cn/selector/4/3-1.php 或扫描下面的二维码亲自体验与学习。

4.3.1 相邻兄弟选择符的相关细节

实际开发时，我们的 HTML 不一定都是整整齐齐的标签元素，此时，相邻兄弟选择符又当如何表现呢？

1. 文本节点与相邻兄弟选择符

CSS 很简单：

```
h4 + p {
    color: skyblue;
}
```

然后我们在<h4>和<p>元素之间插入一些文字，看看<p>元素的颜色是否还是天蓝色？

```
<h4>1. 文本节点</h4>
中间有字符间隔，颜色是？
<p>如果其颜色为天蓝，则说明相邻兄弟选择符忽略了文本节点。</p>
```

结果如图 4-7 所示，<p>元素的颜色依然为天蓝，这说明相邻兄弟选择符忽略了文本节点。

1. 文本节点

中间有字符间隔，颜色是？

如果其颜色为天蓝，则说明相邻兄弟选择符忽略了文本节点。

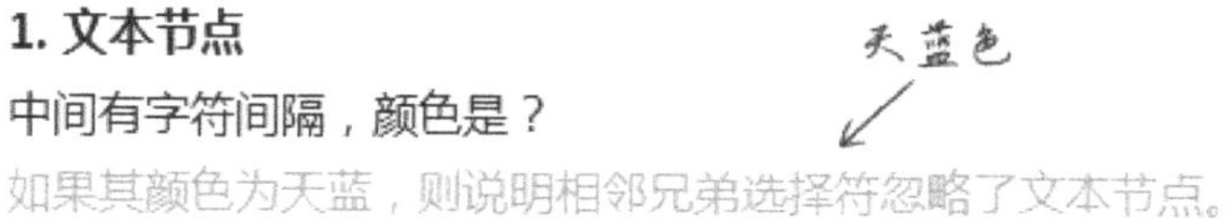

图 4-7 相邻兄弟选择符忽略文本节点效果截图

2．注释节点与相邻兄弟选择符

CSS 很简单：

```
h4 + p {
    color: skyblue;
}
```

然后我们在\<h4\>和\<p\>元素之间插入一段注释，看看\<p\>元素的颜色是否还是天蓝色？

```
<h4>2. 注释节点</h4>
<!-- 中间有注释间隔，颜色是？ -->
<p>如果其颜色为天蓝，则说明相邻兄弟选择符忽略了注释节点。</p>
```

结果如图 4-8 所示，\<p\>元素的颜色依然为天蓝，说明相邻兄弟选择符忽略了注释节点。

图 4-8　相邻兄弟选择符忽略注释节点效果截图

由此，我们可以得到关于相邻兄弟选择符的更多细节知识，即相邻兄弟选择符会忽略文本节点和注释节点，只认元素节点。

上述两个测试示例均配有演示页面，读者可以手动输入 https://demo.cssworld.cn/selector/4/3-2.php 或扫描下面的二维码亲自体验与学习。

4.3.2　实现类似 `:first-child` 的效果

相邻兄弟选择符可以用来实现类似 `:first-child` 的效果。

例如，我们希望除了第一个列表以外的其他列表都有 margin-top 属性值，首先想到就是 `:first-child` 伪类，如果无须兼容 IE8 浏览器，可以这样实现：

```
.cs-li:not(:first-child) { margin-top: 1em; }
```

如果需要兼容 IE8 浏览器，则可以分开处理：

```
.cs-li { margin-top: 1em; }
.cs-li:first-child { margin-top: 0; }
```

下面介绍另外一种方法，那就是借助相邻兄弟选择符，如下：

```
.cs-li + .cs-li { margin-top: 1em; }
```

由于相邻兄弟选择符只能匹配后一个元素，因此第一个元素就会落空，永远不会被匹配，于是自然而然就实现了非首列表元素的匹配。

实际上，此方法相比 :first-child 的适用性更广一些，例如，当容器的第一个子元素并非 .cs-li 的时候，相邻兄弟选择符这个方法依然有效，但是 :first-child 此时却无效了，因为没有任何 .cs-li 元素是第一个子元素了，无法匹配 :first-child。用事实说话，有如下 HTML：

```
<div class="cs-g1">
    <h4>使用:first-child实现</h4>
    <p class="cs-li">列表内容1</p>
    <p class="cs-li">列表内容2</p>
    <p class="cs-li">列表内容3</p>
</div>
<div class="cs-g2">
    <h4>使用相邻兄弟选择符实现</h4>
    <p class="cs-li">列表内容1</p>
    <p class="cs-li">列表内容2</p>
    <p class="cs-li">列表内容3</p>
</div>
```

.cs-g1 和 .cs-g2 中的 .cs-li 分别使用了不同的方法实现，如下：

```
.cs-g1 .cs-li:not(:first-child) {
    color: skyblue;
}
.cs-g2 .cs-li + .cs-li {
    color: skyblue;
}
```

对比测试，结果如图 4-9 所示。

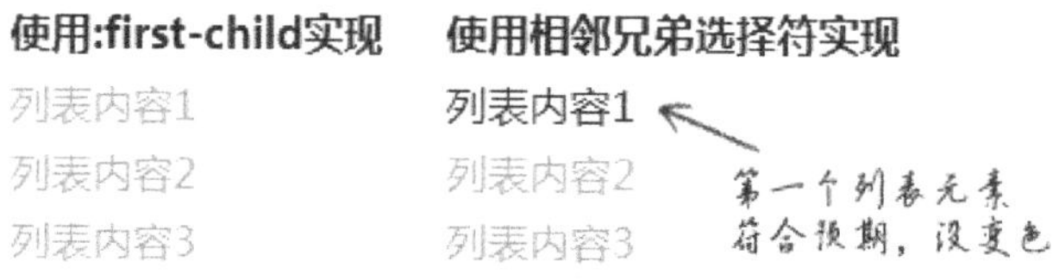

图 4-9　使用 :first-child 与相邻兄弟选择符得到的测试结果对比

可以明显看到，相邻兄弟选择符实现的方法第一个列表元素的颜色依然是黑色，而非天蓝色，说明正确匹配了非首列表元素，而 :first-child 的所有列表元素都是天蓝色，匹配失败。可见，相邻兄弟选择符的适用性要更广一些。

读者可以手动输入 https://demo.cssworld.cn/selector/4/3-3.php 或扫描下面的二维码亲自体验与学习。

4.3.3 众多高级选择器技术的核心

相邻兄弟选择符最硬核的应用还是配合诸多伪类低成本实现很多实用的交互效果，是众多高级选择器技术的核心。

举个简单的例子，当我们聚焦输入框的时候，如果希望后面的提示文字显示，则可以借助相邻兄弟选择符轻松实现，原理很简单，把提示文字预先埋在输入框的后面，当触发 focus 行为的时候，让提示文字显示即可，HTML 和 CSS 如下：

```
用户名：<input><span class="cs-tips">不超过 10 个字符</span>
.cs-tips {
    color: gray;
    margin-left: 15px;
    position: absolute;
    visibility: hidden;
}
:focus + .cs-tips {
    visibility: visible;
}
```

无须任何 JavaScript 代码参与，效果如图 4-10 所示，上图为失焦时候的效果图，下图为聚焦时候的效果图。

用户名：

用户名：　　　　　　　　　不超过10个字符

图 4-10　失焦和聚焦时候的效果图

读者可以手动输入 https://demo.cssworld.cn/selector/4/3-4.php 或扫描下面的二维码亲自体验与学习。

这里只是抛砖引玉，更多精彩的应用请参见第 9 章。

4.4　随后兄弟选择符弯弯（~）

随后兄弟选择符和相邻兄弟选择符的兼容性一致，都是从 IE7 浏览器开始支持的，可以放心使用。两者的实用性和重要程度也是类似的，总之它们的关系较近，有点远房亲戚的味道。

4.4.1　和相邻兄弟选择符区别

相邻兄弟选择符只会匹配它后面的第一个兄弟元素，而随后兄弟选择符会匹配后面的所有兄弟元素。

看一个例子，HTML 结构如下：

```
<p class="cs-li">列表内容 1</p>
<h4 class="cs-h">标题</h4>
<p class="cs-li">列表内容 2</p>
<p class="cs-li">列表内容 3</p>
```

CSS 如下：

```
.cs-h ~ .cs-li {
    color: skyblue;
    text-decoration: underline;
}
.cs-h + .cs-li {
    text-decoration: underline wavy;
}
```

最终的结果如图 4-11 所示。

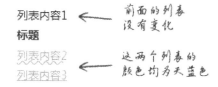

图 4-11　相邻兄弟选择符和随后兄弟选择符测试结果对比

可以看到 .cs-h 后面的所有 .cs-li 元素的文字的颜色都变成了天蓝色，但是只有后面的第一个 .cs-li 元素才有波浪线。这就是相邻兄弟选择符和随后兄弟选择符的区别，匹配一个和匹配后面全部的元素。

因此，同选择器条件下，相邻兄弟选择符的性能要比随后兄弟选择符高一些，但是，在 CSS 中，没有一定的数量级，谈论选择器的性能是没有意义的，因此，关于性能的权重大家可以看淡一些。

至于其他细节，两者是类似的，例如，随后兄弟选择符也会忽略文本节点和注释节点。

读者可以手动输入 https://demo.cssworld.cn/selector/4/4-1.php 或扫描下面的二维码查看本示例的测试结果。

4.4.2　为什么没有前面兄弟选择符

我们可以看到，无论是相邻兄弟选择符还是随后兄弟选择符，它们都只能选择后面的元素，我第一次认识这两个选择符的时候，就有这么一个疑问：为什么没有前面兄弟选择符？

后来我才明白，没有前面兄弟选择符和没有父元素选择符的原因是一样的，它们都受制于DOM 渲染规则。

浏览器解析 HTML 文档是从前往后、由外及里进行的，所以我们时常会看到页面先出现头部然后再出现主体内容的情况。

但是，如果 CSS 支持了前面兄弟选择符或者父元素选择符，那就必须要等页面所有子元素加载完毕才能渲染 HTML 文档。因为所谓"前面兄弟选择符"，就是后面的 DOM 元素影响前面的 DOM 元素，如果后面的元素还没被加载并处理，又如何影响前面的元素样式呢？如果 CSS真的支持这样的选择符，网页呈现速度必然会大大减慢，浏览器会出现长时间的白板，这会造成不好的体验。

有人可能会说，依然强制采取加载到哪里就渲染到哪里的策略呢？这样做会导致更大的问题，因为会出现加载到后面的元素的时候，前面的元素已经渲染好的样式会突然变成另外一个样式的情况，这也会造成不好的体验，而且会触发强烈的重排和重绘。

实际上，现在规范文档有一个伪类 :has 可以实现类似父选择器和前面选择器的效果，且这个伪类 2013 年就被提出过，但是这么多年过去了，依然没有任何浏览器实现相关功能。在我看来，就算再过 5 到 10 年，CSS 支持"前面兄弟选择符"或者"父选择器"的可能性也很低，这倒不是技术层面上实现的可能性较低，而是 CSS 和 HTML 本身的渲染机制决定了这样的结果。

4.4.3　如何实现前面兄弟选择符的效果

但是我们在实际开发的时候，确实存在很多场景需要控制前面的兄弟元素，此时又该怎么办呢？

兄弟选择符只能选择后面的元素，但是这个"后面"仅仅指代码层面的后面，而不是视觉层面的后面。也就是说，我们要实现前面兄弟选择符的效果，可以把这个"前面的元素"的相关代码依然放在后面，但是视觉上将它呈现在前面就可以了。

　　DOM 位置和视觉位置不一致的实现方法非常多,常见的如 float 浮动实现,absolute 绝对定位实现,所有具有定位特性的 CSS 属性(如 margin、left/top/right/bottom 以及 transform)也可以实现。更高级点的就是使用 direction 或者 writing-mode 改变文档流顺序。在移动端,我们还可以使用 Flex 布局,它可以帮助我们更加灵活地控制 DOM 元素呈现的位置。

　　用实例说话,例如,我们要实现聚焦输入框时,前面的描述文字"用户名"也一起高亮显示的效果,如图 4-12 所示。

图 4-12　输入框聚焦,前面文字高亮显示的效果图

　　下面给出 4 种不同的方法来实现这里的前面兄弟选择符效果。

　　(1) Flex 布局实现。Flex 布局中有一个名为 flex-direction 的属性,该属性可以控制元素水平或者垂直方向呈现的顺序。

　　HTML 和 CSS 代码如下:

```
<div class="cs-flex">
    <input class="cs-input"><label class="cs-label">用户名: </label>
</div>
.cs-flex {
    display: inline-flex;
    flex-direction: row-reverse;
}
.cs-input {
    width: 200px;
}
.cs-label {
    width: 64px;
}
:focus ~ .cs-label {
    color: darkblue;
    text-shadow: 0 0 1px;
}
```

　　这一方法主要通过 flex-direction:row-reverse 调换元素的水平呈现顺序来实现 DOM 位置和视觉位置的不一样。此方法使用简单,方便快捷,唯一的问题是兼容性,用户群是外部用户的桌面端网站项目慎用,移动端无碍。

　　(2) float 浮动实现。通过让前面的<input>输入框右浮动就可以实现位置调换了。

　　HTML 和 CSS 代码如下:

```
<div class="cs-float">
    <input class="cs-input"><label class="cs-label">用户名: </label>
</div>
```

```
.cs-float {
   width: 264px;
}
.cs-input {
   float: right;
   width: 200px;
}
.cs-label {
   display: block;
   overflow: hidden;
}
:focus ~ .cs-label {
   color: darkblue;
   text-shadow: 0 0 1px;
}
```

这一方法的兼容性极佳，但仍有不足，首先就是容器宽度需要根据子元素的宽度计算，当然，如果无须兼容 IE8，配合 `calc()` 计算则没有这个问题；其次就是不能实现多个元素的前面选择符效果，这个比较致命。

（3）`absolute` 绝对定位实现。这个很好理解，就是把后面的 `<label>` 绝对定位到前面就好了。

HTML 和 CSS 代码如下：

```
<div class="cs-absolute">
   <input class="cs-input"><label class="cs-label">用户名：</label>
</div>
.cs-absolute {
   width: 264px;
   position: relative;
}
.cs-input {
   width: 200px;
   margin-left: 64px;
}
.cs-label {
   position: absolute;
   left: 0;
}
:focus ~ .cs-label {
   color: darkblue;
   text-shadow: 0 0 1px;
}
```

这一方法的兼容性不错，也比较好理解。缺点是当元素较多的时候，控制成本比较高。

（4）`direction` 属性实现。借助 `direction` 属性改变文档流的顺序可以轻松实现 DOM 位置和视觉位置的调换。

HTML 和 CSS 代码如下：

```
<div class="cs-direction">
   <input class="cs-input"><label class="cs-label">用户名：</label>
```

```
</div>
/* 水平文档流顺序改为从右往左 */
.cs-direction {
    direction: rtl;
}
/* 水平文档流顺序还原 */
.cs-direction .cs-label,
.cs-direction .cs-input {
    direction: ltr;
}
.cs-label {
    display: inline-block;
}
:focus ~ .cs-label {
    color: darkblue;
    text-shadow: 0 0 1px;
}
```

这一方法可以彻底改变任意个数内联元素的水平呈现位置，兼容性非常好，也容易理解。唯一不足就是它针对的必须是内联元素，好在本案例的文字和输入框就是内联元素，比较适合。

大致总结一下这 4 种方法，Flex 方法适合多元素、块级元素，有一定的兼容性问题；direction 方法也适合多元素、内联元素，没有兼容性问题，由于块级元素也可以设置为内联元素，因此，direction 方法理论上也是一个终极解决方法；float 方法和 absolute 方法虽然比较适合小白开发，也没有兼容性问题，但是不太适合多个元素，比较适合两个元素的场景。大家可以根据自己项目的实际场景选择合适的方法。

当然，不止上面 4 种方法，我们一个 margin 定位也能实现类似的效果，这里就不一一展开了。

以上 4 种方法均配有演示页面，读者可以手动输入 https://demo.cssworld.cn/selector/4/4-2.php 或扫描下面的二维码亲自体验与学习。

4.5　快速了解列选择符双管道（‖）

列选择符是规范中刚出现不久的新选择符，目前浏览器的兼容性还不足以让它在实际项目中得到应用，因此我仅简单介绍一下，让大家知道它大致是干什么用的。

Table 布局和 Grid 布局中都有列的概念，有时候我们希望控制整列的样式，有两种方法：一种是借助 :nth-col() 或者 :nth-last-col() 伪类，不过目前浏览器尚未支持这两个伪类；还有一种是借助原生 Table 布局中的 <colgroup> 和 <col> 元素实现，这个方法的兼容性非常好。

我们通过一个简单的例子快速了解一下这两个元素。例如，表格的 HTML 代码如下：

```
<table border="1" width="600">
    <colgroup>
        <col>
        <col span="2" class="ancestor">
        <col span="2" class="brother">
    </colgroup>
    <tr>
        <td> </td>
        <th scope="col">后代选择符</th>
        <th scope="col">子选择符</th>
        <th scope="col">相邻兄弟选择符</th>
        <th scope="col">随后兄弟选择符</th>
    </tr>
    <tr>
        <th scope="row">示例</th>
        <td>.foo .bar {}</td>
        <td>.foo > .bar {}</td>
        <td>.foo + .bar {}</td>
        <td>.foo ~ .bar {}</td>
    </tr>
</table>
```

可以看出表格共有 5 列。其中，<colgroup>元素中有 3 个<col>元素，从 span 属性值可以看出，这 3 个<col>元素分别占据 1 列、2 列和 2 列。此时，我们给后面 2 个<col>元素设置背景色，就可以看到背景色作用在整列上了。CSS 如下：

```
.ancestor {
    background-color: dodgerblue;
}
.brother {
    background-color: skyblue;
}
```

最终效果如图 4-13 所示。

	后代选择符	子选择符	相邻兄弟选择符	随后兄弟选择符
示例	.foo .bar {}	.foo > .bar {}	.foo + .bar {}	.foo ~ .bar {}

图 4-13　表格中的整列样式控制

但是有时候我们的单元格并不正好属于某一列，而是跨列，此时，<col>元素会忽略这些跨列元素。举个例子：

```
<table border="1" width="200">
    <colgroup>
        <col span="2">
        <col class="selected">
    </colgroup>
```

```
    <tbody>
        <tr>
            <td>A</td>
            <td>B</td>
            <td>C</td>
        </tr>
        <tr>
            <td colspan="2">D</td>
            <td>E</td>
        </tr>
        <tr>
            <td>F</td>
            <td colspan="2">G</td>
        </tr>
    </tbody>
</table>
col.selected {
    background-color: skyblue;
}
```

此时仅 C 和 E 两个单元格有天蓝色的背景色，G 单元格虽然也覆盖了第三列，但由于它同时也属于第二列，因此被无视了，效果如图 4-14 所示。

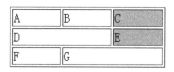

图 4-14　G 单元格没有背景色

这就有问题了。很多时候，我们就是要 G 单元格也有背景色，只要包含该列，都认为是目标对象。为了应对这种需求，列选择符应运而生。

列选择符写作双管道（||），是两个字符，和 JavaScript 语言中的逻辑或的写法一致，但是，在 CSS 中却不是"或"的意思，用"属于"来解释要更恰当。

通过如下 CSS 选择器，可以让 G 单元格也有背景色：

```
col.selected || td {
    background-color: skyblue;
}
```

col.selected || td 的含义就是，选择所有属于 col.selected 的 <td> 元素，哪怕这个 <td> 元素横跨多个列。

于是，就可以看到图 4-15 所示的效果。

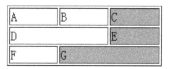

图 4-15　G 单元格有背景色

第 5 章

元素选择器

元素选择器主要包括两类，一类是标签选择器，一类是通配符选择器。本章主要介绍你可能不知道的关于这两类选择器的一些知识。

5.1　元素选择器的级联语法

不同类型的 CSS 选择器的级联使用是非常常见的，例如：

```
svg.icon { vertical-align: -.25em; }
```

可能大家不知道的是，元素选择器的级联语法和其他选择器的级联语法有两个明显的不同之处。

（1）元素选择器是唯一不能重复自身的选择器。

（2）级联使用的时候元素选择器必须写在最前面。

1.　不能重复自身

类选择器、ID 选择器和属性值匹配选择器都可以重复自身，例如：

```
.foo.foo {}
#foo#foo {}
[foo][foo] {}
```

但是元素选择器却不能重复自身：

```
foo*foo {}      /* 无效 */
```

有人可能见过这样的用法，因此误认为标签可以重复：

```
svg|a {}
```

实际上，上面的 svg 是命名空间，并不是 HTML 标签，并且要提前声明才有效。

因此，元素选择器无法像其他选择器那样通过重复自身提高优先级，不过好在由于其自身的一些特性，还有其他办法可以提高优先级。

（1）由于所有标准的 HTML 页面都有<html>和<body>元素，因此可以借助这些标签提高优先级：

```
body foo {}
```

（2）借助:not()伪类，括号里面是任意其他不一样的标签名称即可：

```
foo:not(not-foo) {}
foo:not(a) {}
foo:not(_) {}
```

上面两种提高优先级的方法均没有与其他选择器发生交集，是非常安全的方法，不会因为其他选择器发生变化而失效。

2．必须写在最前

请问下面这个选择器是否合法：

```
[type="radio"]input {}
```

答案是不合法：

```
[type="radio"]input {}     /* 无效 */
```

只能这么写：

```
input[type="radio"] {}
```

通配选择器也是一样：

```
[type="radio"]* {}     /* 无效 */
```

只能（*也可以省略）：

```
*[type="radio"] {}
```

可见标签选择器只能写在前面，这个特性和其他选择器明显不同，例如类选择器放在属性值匹配选择器后面是完全合法的：

```
[type="radio"].input {}
```

并且推荐把类选择器放在属性值匹配选择器的后面，因为 CSS 选择器解析是从右往左进行的，类名放在后面性能会更好。

类选择器甚至可以放在伪类的后面：

```
:hover.foo {}
```

5.2　标签选择器二三事

标签选择器又叫类型选择器，它是一个相对比较简单的选择器，没什么好说的，这里讲几个大家可能不知道的小知识。

之前有提到过的标签选择器是不区分大小写的，例如：

```
IMG { object-fit: cover; }
```

不过知道这一点也没什么实际用处，比较鸡肋，我们还是使用主流的小写标签名。

之前也提到过比较正式的项目要少用标签选择器，因为它的性能不佳，维护成本也高。但是，如果是对于固定组合的标签元素，那么使用它无妨，因为不会出现标签调整，例如，原生表格：

```
.cs-table td,
.cs-table th {}
```

最后再说说标签选择器和属性选择器、自定义元素之间的事情。

5.2.1　标签选择器混合其他选择器的优化

很多开发者在使用属性选择器的时候习惯把标签选择器也带上，例如：

```
input[type="radio"] {}
a[href^="http"] {}
img[alt] {}
```

实际上，这里的标签选择器是可以省略的，而且推荐省略。因此，很多原生属性是某些标签元素特有的。例如，'radio'类型的单选框一定是 input 标签，因此，直接将它写成下面这样就可以了：

```
[type="radio"] {}
```

这样，选择器的优先级和类选择器保持一致，可维护性得到提高，同时性能也有提升。

类似的还有：

```
div#cs-some-id {}
```

由于 **ID** 是唯一的，因此没有任何理由在这里使用 div 标签选择器。

5.2.2　标签选择器与自定义元素

对于现代浏览器，我们可以直接使用自定义元素的标签控制自定义元素的样式，例如：

```
<x-element>自定义元素</x-elememt>
x-element {
    color: red;
}
```

这样文字会呈现为红色。

不过默认仅 IE9 及以上版本的浏览器才支持自定义元素标签选择器，如果需要兼容 IE8，需要在<head>创建如下所示的一段 JavaScript 代码：

```
<script>document.createElement('x-element');</script>
```

5.3　特殊的标签选择器：通配选择器

通配选择器是一个特殊的标签选择器，它可以指代所有类型的标签元素，包括自定义元素，以及<script>、<style>、<title>等元素，但是不包括伪元素。

它的用法是使用字符星号（*，即 U+002A），例如：

```
* { box-sizing: border-box; }
```

但上面的用法并不足以覆盖所有的元素，因为有些元素是无特征的，如::before和::after 构成的伪元素，因此，很多人重置所有元素盒模型的时候会这样设置：

```
*, *::before, *::after { box-sizing: border-box; }
```

他们都没意识到后面两个星号是可以省略的，可以直接用：

```
*, ::before, ::after { box-sizing: border-box; }
```

当通配选择器和其他选择器级联使用的时候，星号都是可以省略的。例如，下面这些选择器都是一样的：

- *[hreflang|=en]等同于[hreflang|=en]；
- *.warning 等同于.warning；
- *#myid 等同于#myid。

只有当单独使用通配选择器的时候，我们才需要把*字符呈现出来，例如，若要选择所有<body>元素的子元素，可以：

```
body > * {}
```

由于通配选择器（*）匹配所有元素，因此它是比较消耗性能的一种 CSS 选择器，同时由于其影响甚广，容易出现一些意料之外的样式问题，因此请谨慎使用。

第 6 章

属性选择器

我们平常提到的属性选择器指的是[type="radio"]这类选择器，实际上，这是一种简称，指的是"属性值匹配选择器"。实际上，在正式文档中，类选择器和 ID 选择器都属于属性选择器，因为本质上类选择器是 HTML 元素中 class 的属性值，ID 选择器是 HTML 元素中 id 的属性值。

属性值匹配选择器是一个被大家低估的选择器，它是本章讨论的重点。

6.1　ID 选择器和类选择器

ID 选择器和类选择器都属于属性选择器，它们的身份看起来高贵而特殊，毕竟 HTML 原生属性那么多，就 id 和 class 两个属性有专门的选择器。实际上，正是因为它们足够普通才有此待遇，几乎所有的 HTML 元素都支持这两个属性。name、type 这些属性也很常见，但它们主要出现在控件元素上，如果所有元素都支持 name 属性，相信它也会有专属于自己的属性选择器的。

ID 选择器和类选择器虽然性质一致，都属于属性选择器，但是它们的实际表现却有明显差异。

1. 语法不同

ID 选择器前面的字符是井号 #（U+0023），而类选择器前面的字符是点号 .（U+002E）：

```
/* ID 选择器 */
#foo {}
/* 类选择器 */
.foo {}
```

2. 优先级不同

ID 选择器的优先级比类选择器的优先级高一个等级，由于实际开发中往往以类选择器为主，因此不到万不得已的时候不要使用 ID 选择器，以免带来较高的维护成本。

3. 唯一性与可重复性

ID 具有唯一性，而类天生就可以重复使用。于是，经常可以看到如下用法：

```
<button class="cs-button cs-button-primary">主按钮</button>
.cs-button {}
.cs-button-primary {}
```

但是 ID 选择器不能这么用：

```
<button id="cs-button cs-button-primary">主按钮</button>
#cs-button {}                    /* 无效 */
#cs-button-primary {}            /* 无效 */
```

ID 选择器必须是完整的 id 属性值，下面这样是可以的：

```
#cs-button\20 cs-button-primary {}
```

或者下面这样转义（后面的空格可以去除）：

```
#cs-button\0020cs-button-primary {}
```

或者使用属性值匹配选择器：

```
[id~="cs-button"] {}
[id~="cs-button-primary"] {}
```

不同元素的类名是可以重复的，且类选择器可以控制所有元素，例如：

```
<button class="cs-button">按钮 1</button>
<button class="cs-button">按钮 2</button>
```

此时，.cs-button 选择器设置的样式可以同时控制"按钮 1"和"按钮 2"。

```
.cs-button {}
```

无论是使用 JavaScript 的选择器 API 获取元素，还是使用 CSS 的 ID 选择器设置样式，对于 ID，其在语义上是不能重复的，但实际开发的时候，语义重复也是可以的，这并不影响功能。

```
<button id="cs-button">按钮 1</button>
<button id="cs-button">按钮 2</button>
// 长度结果是 2
document.querySelectorAll('#cs-button').length;
/* 可以同时设置"按钮 1"和"按钮 2"的样式 */
#cs-button {}
```

但并不推荐这么做，因为要保证 ID 唯一。

6.2　属性值直接匹配选择器

属性值直接匹配选择器包括下面 4 种：

```
[attr]
[attr="val"]
[attr~="val"]
[attr|="val"]
```

这 4 类选择器的兼容性不错，IE8 及以上版本的浏览器完美支持，IE7 浏览器也支持，不过不完美，在极个别场景中有瑕疵。

其中，前两类选择器大家用得相对多一些，而后面两类选择器很多人估计见都没见过，根本不知道它们是做什么用的，也不知道它们的应用价值大不大。别急，这就带大家了解一下这几类选择器。

6.2.1 详细了解 4 种选择器

1. [attr]

[attr]表示只要包含指定的属性就匹配，尤其适用于一些 HTML 布尔属性，这些布尔属性只要有属性值，无论值的内容是什么，都认为这些属性的值是 true。例如，下面所有的输入框的写法都是禁用的：

```
<input disabled>
<input disabled="">
<input disabled="disabled">
<input disabled="true">
<input disabled="false">
```

此时，如果想用属性选择器判断输入框是否禁用，直接用下面的选择器就可以了，无须关心具体的属性值究竟是什么：

```
[disabled] {}
```

说到 disabled，就不得不提另外一个常见的布尔属性 checked，两者看上去近似，实际上却有不小差异！

首先，IE7 浏览器能够正常识别[disabled]属性选择器，但是却无法识别[checked]，这是因为由于某些未知的原因，IE7 浏览器使用[defaultChecked]代替了[checked]，因此判断元素是否为选中状态需要像下面这样写：

```
/* IE7 浏览器 */
[defaultChecked] {}
/* 其他浏览器 */
[checked] {}
```

然后，就算浏览器支持[checked]选择器，也不建议在实际项目中使用，因为在浏览器下有一个很奇特的行为表现，那就是表单控件元素在 checked 状态变化的时候并不会同步修改 checked 属性的值，而 disabled 状态就不会这样。例如，已知 HTML 如下：

```
<input id="checkbox" type="checkbox" checked disabled>
```

此时，使用 JavaScript 代码修改复选框的状态：

```
checkbox.checked = false;
checkbox.disabled = false;
```

浏览器中的 HTML 会变成这样：

```
<input id="checkbox" type="checkbox" checked>
```

`disabled` 消失了，但是 `checked` 属性却还在，也就是明明复选框已经取消了选择，但是 `[checked]` 依然在生效，这会导致严重的样式显示错误，因此实际开发不能使用 `[checked]` 进行状态控制，也正是由于这个原因，才有了 `:checked` 这些伪类。如果非要使用（如兼容 IE8），记得在每次选中状态变化的时候使用 JavaScript 更新 `checked` 属性。

不仅原生属性支持属性选择器，自定义属性也是支持的，例如：

```
<a href class data-title="提示" role="button">删除</a>
[data-title] {}
```

2. [attr="val"]

`[attr="val"]` 是属性值完全匹配选择器，例如，匹配单复选框：

```
[type="radio"] {}
[type="checkbox"] {}
```

或者 `<ol>`、`<menu>` 元素的 type 匹配：

```
/* 小写字母序号 */
ol[type="a"] {}
/* 小写罗马序号 */
ol[type="i"] {}
menu[type="context"] {}
menu[type="toolbar"] {}
```

或者自定义属性值的完整匹配：

```
[data-type="1"] {}
```

其他注意事项

（1）不区分单引号和双引号，单引号和双引号都是合法的：

```
[type="radio"] {}
[type='radio'] {}
```

（2）引号是可以省略的。例如：

```
[type=radio] {}
[type=checkbox] {}
```

如果属性值包含空格，则需要转义，例如：

```
<button class="cs-button cs-button-primary">主按钮</button>
[class=cs-button\0020cs-button-primary] {}
```

或者还是老老实实使用引号：

```
[class="cs-button cs-button-primary"] {}
```

（3）[type=email]等选择器有使用风险，此风险只会出现在 IE10 及其以上版本浏览器的兼容模式下。例如，我们在页面上写下如下 HTML：

```
<input type="email">
```

如果此时兼容模式的版本是 IE9 或者更低版本，则浏览器会自动将 HTML 中的 type 属性值改变为 text：

```
<input type="text">
```

这会导致[type=email]这个选择器失效，从而产生样式问题。类似的 type 属性值还包括 url、number、tel 和 range。

此风险只会出现在需要兼容 IE 浏览器的项目中，而且只在兼容模式下，在原生浏览器下则不会有问题，不过怕是过不了测试工程师那一关，因此，如果可以，还是使用类选择器控制这些输入框的样式。

但是如果是使用完全自定义的非标准 HTML5 属性值，则没有任何风险，例如自定义一个邮政编码类型的输入框：

```
<input type="zipcode">
/* 完全正常 */
[type=zipcode] {}
```

IE7 浏览器不能识别下面这个选择器：

```
[type=checkbox] {}          /* IE7 不识别 */
```

但是 IE7 浏览器能正常识别级联标签选择器或者类选择器：

```
input[type=checkbox] {}     /* IE7 识别 */
```

奇怪的是，其他属性并没有这个问题：

```
[id="foo"] {}     /* IE7 识别 */
```

另外，IE7 浏览器居然区分属性的大小写。

IE8 浏览器已经全部修复了以上问题，因此可以放心使用，毕竟现在 IE7 浏览器的市场份额已经很低了。

（4）有如下 HTML：

```
<input value="20">
```

此时，下面的选择器是可以匹配的，IE8 及以上版本的浏览器都没问题：

```
[value="20"] {}
```

此时，如果我们改变输入框的值为 10，无论是手动输入还是使用 JavaScript 更改，属性选择器都依然按照 [value="20"] 渲染：

```
input.value = 20;
```

除非，我们使用 setAttribute 方法改变属性值：

```
input.setAttribute('value', 10);
```

此时，属性选择器会按照 [value="10"] 渲染。

3. [attr~="val"]

[attr~="val"] 是属性值单词完全匹配选择器，专门用来匹配属性中的单词，其中，~= 用来连接属性和属性值。

有些属性值（如 class 属性、rel 属性或者一些自定义属性）包含多个关键词，这时可以使用空格分隔这些关键词，例如：

```
<a href rel="nofollow noopener">链接</a>
```

此时就可以借助该选择器实现匹配，例如：

```
[rel~="noopener"] {}
[rel~="nofollow"] {}
```

匹配的属性值不能是空字符串，例如，下面这种选择器用法一定不会匹配任何元素，因为它的属性值是空字符串：

```
/* 无任何匹配 */
[rel~=""] {}
```

如果匹配的属性值只是部分字符串，那么也是无效的。例如，假设有选择器 [attr~="val"]，则下面两段 HTML 都不匹配：

```
<!-- 不匹配 -->
<div attr="value"></div>
<!-- 不匹配 -->
<div attr="val-ue"></div>
```

但是，如果字符串前后有空格或者连续多个空格分隔，则可以匹配：

```
<!-- 匹配 -->
<div attr=" val "></div>
<!-- 匹配 -->
<div attr="val    ue"></div>
```

另外，属性值单词完全匹配选择器对非 ASCII 范围的字符（如中文）也是有效的。例如，有 CSS 选择器：

```
[attr~=帅] {}
```

下面的 HTML 是可以匹配的：

```
<!-- 可以匹配 -->
<div attr="我 帅">我帅</div>
```

适用场景及优势

属性值单词完全匹配选择器非常适合包含多种组合属性值的场景，例如，某元素共有 9 种定位控制：

```
<div data-align="left top"></div>
<div data-align="top"></div>
<div data-align="right top"></div>
<div data-align="right"></div>
<div data-align="right bottom"></div>
<div data-align="bottom"></div>
<div data-align="left bottom"></div>
<div data-align="left"></div>
<div data-align="center"></div>
```

此时，最佳实践就是使用属性值单词完全匹配选择器：

```
[data-align] { left: 50%; top: 50%; }
[data-align~="top"] { top: 0; }
[data-align~="right"] { right: 0; }
[data-align~="bottom"] { bottom: 0; }
[data-align~="left"] { left: 0; }
```

这样的 CSS 代码足够精简且互不干扰，有专属命名空间，代码可读性强，且选择器的优先级和类名一致，很好管理。

传统实现多使用类选择器，虽然技术上没问题，但是往往元素本身就有类名，再加上这里细化的多个类名，代码就显得比较啰唆和混乱：

```
<!-- 类名啰唆 -->
<div class="cs-align cs-align-left cs-align-top"></div>
<div class="cs-align cs-align-top"></div>
<div class="cs-align cs-align-right cs-align-top"></div>
...
```

显然，对于这种非语义化的同时包含多个属性值的场景，最好使用专门的自定义属性管理，而不是混合在类名中，这样代码的质量更高，开发者阅读起来更加舒服，也更利于维护和管理。

4. `[attr|="val"]`

`[attr|="val"]`是属性值起始片段完全匹配选择器，表示具有 attr 属性的元素，其值要么正好是 val，要么以 val 外加短横线-（U+002D）开头，|=用于连接需要匹配的属性和属性内容。

```
<!-- 匹配 -->
<div attr="val"></div>
<!-- 匹配 -->
<div attr="val-ue"></div>
<!-- 匹配 -->
<div attr="val-ue bar"></div>
```

```
<!-- 不匹配 -->
<div attr="value"></div>
<!-- 不匹配 -->
<div attr="val bar"></div>
<!-- 不匹配 -->
<div attr="bar val-ue"></div>
```

可以看到，这个选择器必须严格遵循开头匹配的规则。

另外，这个选择器设计的初衷是子语言匹配，用在<a>元素的 hreflang 属性或者任意元素的 lang 属性中。

例如，同样是中文，它们也会有简体中文和繁体中文的差异，最新的标记如下：

- 简体中文有 zh-cmn-Hans；
- 繁体中文有 zh-cmn-Hant；
- 英文则有 en-US、en-Latn-US、en-GB 等。

于是，就可以借助该选择器来匹配中文类或英文类语言，这在多语言功能实现时比较有用：

```
/* 匹配中文类语言 */
[lang|="zh"] {}
/* 匹配英文类语言 */
[lang|="en"] {}
```

由于大多数的 Web 开发都用不到多语言，因此该选择器平时很少用到；再加上 :lang 伪类的存在，进一步减少了 lang 属性匹配语言的出场机会，更多的是匹配 hreflang 属性中的语言设置。

其实，只要 HTML 的属性值是以短横线连接的，都可以使用该属性选择器，例如：

```
<!-- 旧语法 -->
<input type="datetime">
<!-- 新语法，推荐 -->
<input type="datetime-local">
[type|="datetime"] {}      /* 新旧语法全兼容 */
```

甚至类名属性值也可以用来进行匹配：

```
<button class="cs-button-primary">主按钮</button>
<button class="cs-button-success">成功按钮</button>
<button class="cs-button-warning">警示按钮</button>
[class|=cs-button] {}      /* 按钮公用样式 */
.cs-button-primary {}
.cs-button-success {}
.cs-button-warning {}
```

举按钮的例子旨在抛砖引玉，并不是让大家就这么使用，对于按钮这类公用组件，还是建议使用稳健的实现方法。

6.2.2 AMCSS 开发模式简介

AMCSS 是 Attribute Modules for CSS 的缩写，表示借助 HTML 属性来进行 CSS 相关开发。

目前主流的开发模式是多个模块由多个类名控制，例如：

```
<button class="cs-button cs-button-large cs-button-blue">按钮</button>
```

而 AMCSS 则是基于属性控制的，例如：

```
<button button="large blue">按钮</button>
```

为了避免属性名称冲突，可以给属性添加一个统一的前缀，如 am-，于是有：

```
<button am-button="large blue">按钮</button>
```

然后借助 [attr~="val"] 这个属性值单词匹配选择器进行匹配。

因此，主流类选择器

```
.button {}
.button-large {}
.button-blue {}
```

可以转换成

```
[am-button] {}
[am-button~="large"] {}
[am-button~="blue"] {}
```

这种开发模式的优点是：每个属性有效地声明了一个单独的命名空间，用于封装样式信息，从而产生更易于阅读和维护的 HTML 和 CSS。

但是，AMCSS 开发模式也并不是完美的，完全舍弃类选择器是不现实的。我一贯的技术理念是"海纳百川，有容乃大"，因此，我还是建议大家，和类选择器的命名一样，采用一种混合的使用模式。也就是说，当我们的布局或样式需要有一个专门的命名空间的时候，就采用 AMCSS 这种开发模式。例如，上一节中 [data-align] 9 种定位的实现就非常适合 AMCSS 这种开发模式，不过改成 [am-align] 会更好些。而对于普通的定位与布局，还是采用类选择器最为合适。

6.3 属性值正则匹配选择器

属性值正则匹配选择器包括下面 3 种：

```
[attr^="val"]
[attr$="val"]
[attr*="val"]
```

这 3 种属性选择器就完全是字符匹配了，而非单词匹配。其中，尖角符号 ^、美元符号 $ 以及星号 * 都是正则表达式中的特殊标识符，分别表示前匹配、后匹配和任意匹配。

这几个选择器的兼容性不错，IE7 及以上版本的浏览器均支持。

下面就详细介绍一下这 3 种选择器。

6.3.1 详细了解 3 种选择器

1. `[attr^="val"]`

`[attr^="val"]` 表示匹配 attr 属性值以字符 val 开头的元素。例如：

```
<!-- 匹配 -->
<div attr="val"></div>
<!-- 不匹配 -->
<div attr="text val"></div>
<!-- 匹配 -->
<div attr="value"></div>
<!-- 匹配 -->
<div attr="val-ue"></div>
```

一些细节

这种选择器可以匹配中文，如果匹配的中文没有包含特殊字符，如空格等，则中文外面的引号是可以省略的，例如：

```
[title^=我] {}
```

下面的 HTML 是可以匹配的：

```
<!-- 可以匹配 -->
<div title="我 帅">我帅</div>
```

理论上可以匹配空格，但由于 IE 浏览器会自动移除属性值首尾的空格，因此会有兼容性问题，例如，下面的样式可以对 HTML 格式进行验证：

```
/*高亮类属性值包含多余空格的元素*/
[class^=" "] {
    outline: 1px solid red;
}
```

下面的 HTML 在 Firefox 浏览器和 Chrome 浏览器下是匹配的，在 IE 浏览器下不匹配：

```
<!-- IE 不匹配，其他浏览器匹配 -->
<div class=" active ">测试</div>
```

空字符串一定无效。

```
/* 无效 */
[value^=""] {}
```

实际开发中，开头正则匹配属性选择器用得比较多的地方是判断`<a>`元素的链接地址类型，也可以用来显示对应的小图标，例如：

```
/* 链接地址 */
[href^="http"],
[href^="ftp"],
[href^="//"] {
    background: url(./icon-link.svg) no-repeat left;
```

```
}
/* 网页内锚链 */
[href^="#"] {
    background: url(./icon-anchor.svg) no-repeat left;
}
/* 手机和邮箱 */
[href^="tel:"] {
    background: url(./icon-tel.svg) no-repeat left;
}
[href^="mailto:"] {
    background: url(./icon-email.svg) no-repeat left;
}
```

2. [attr$="val"]

[attr$="val"]表示匹配 attr 属性值以字符 val 结尾的元素。例如：

```
<!-- 匹配 -->
<div attr="val"></div>
<!-- 匹配 -->
<div attr="text val"></div>
<!-- 不匹配 -->
<div attr="value"></div>
<!-- 不匹配 -->
<div attr="val-ue"></div>
```

该选择器的细节和[attr^="val"]的一致，这里不再赘述。

在实际开发中，结尾正则匹配属性选择器用得比较多的地方是判断<a>元素的链接的文件类型，然后是显示对应的小图标。例如：

```
/* 指向 PDF 文件 */
[href$=".pdf"] {
    background: url(./icon-pdf.svg) no-repeat left;
}
/* 下载 zip 压缩文件 */
[href$=".zip"] {
    background: url(./icon-zip.svg) no-repeat left;
}
/* 图片链接 */
[href$=".png"],
[href$=".gif"],
[href$=".jpg"],
[href$=".jpeg"],
[href$=".webp"] {
    background: url(./icon-image.svg) no-repeat left;
}
```

3. [attr*="val"]

[attr*="val"]表示匹配 attr 属性值包含字符 val 的元素。例如：

```
<!-- 匹配 -->
<div attr="val"></div>
<!-- 匹配 -->
<div attr="text val"></div>
<!-- 匹配 -->
<div attr="value"></div>
<!-- 匹配 -->
<div attr="val-ue"></div>
```

它也可以用来匹配链接元素是否是外网地址，例如：

```
a[href*="//""]:not([href*="example.com"]) {}
```

此外，它还可以用来匹配 style 属性值，这在实际开发中用得非常多。例如，我们想知道一个参与 JavaScript 交互的元素是否隐藏，可以这么处理：

```
/* 该元素隐藏 */
[style*="display: none"] {}
```

关于 style 属性值匹配的细节

当使用 JavaScript 给 DOM 元素设置样式的时候，例如：

```
dom.style.display = 'none';
```

无论是什么浏览器，样式属性和之间都会有美化的空格，也就是说，HTML 会是下面这样：

```
<div style="display: none;"></div>
```

因此，需要使用下面的写法进行匹配：

```
[style*="display: none"] {}
```

其他 CSS 声明的匹配也是类似的。

但是，如果是手写的 style 值，而且没有写空格，就像下面这样：

```
<div style="display:none;"></div>
```

在 Chrome 和 Firefox 浏览器下，需要严格按照手写字符匹配：

```
[style*="display:none"] {}
```

但是 IE 浏览器会自动格式化 HTML 属性值，所以我们还是使用带空格的方式匹配。如果项目需要兼容 IE 浏览器，则两种匹配都需要：

```
[style*="display:none"],
[style*="display: none"] {}
```

IE7 浏览器虽然支持属性选择器，但是不支持[style]属性的匹配。

如果是无法识别的样式，例如：

```
<button style="-webkit-any: none;">按钮</button>
[style*="-webkit-any: none"] {}
```

IE8 及以上版本的浏览器都是能准确识别的。但是，如果是可以识别的样式，例如：

```
<button style="display: none;">按钮</button>
[style*="display: none"] {}
```

IE8 浏览器反而无法识别了，因为 IE8 格式化 style 属性值的时候，把 CSS 属性名转换成大写了，属性值匹配选择器默认是严格区分大小写的，于是造成匹配障碍，所以，我们需要这么处理才能兼容 IE8：

```
[style*="display: none"],
/* for IE8 */
[style*="DISPLAY: none"] {}
```

因此，如果你的网站项目还需要兼容 IE8 浏览器，则需要使用下面这种组合确保万无一失：

```
[style*="display:none"],
[style*="display: none"],
[style*="DISPLAY: none"] {}
```

但是，如果在实际开发的时候，style 的设置是可控的，例如，若你只会设置 display 的状态，则也可以直接使用下面的匹配：

```
/* 认为元素隐藏 */
[style*="none"] {}
```

但是，如果你的页面需要在 iOS 系统的微信客户端下访问，则不能这么使用，因为 iOS 系统的微信客户端会私自增加-webkit-touch-callout:none 这样的样式，从而导致异常的匹配。

6.3.2 CSS 属性选择器搜索过滤技术

我们可以借助属性选择器来辅助我们实现搜索过滤效果，如通讯录、城市列表，这样做性能高，代码少。

HTML 结构如下：

```
<input type="search" placeholder="输入城市名称或拼音" />
<ul>
    <li data-search="重庆市 chongqing">重庆市</li>
    <li data-search="哈尔滨市 haerbin">哈尔滨市</li>
    <li data-search="长春市 changchun">长春市</li>
    ...
</ul>
```

此时，当我们在输入框中输入内容的时候，只要根据输入内容动态创建一段 CSS 代码就可以实现搜索匹配效果了，无须自己写代码进行匹配验证。

```
var eleStyle = document.createElement('style');
document.head.appendChild(eleStyle);
```

```
// 文本框输入
input.addEventListener("input", function() {
    var value = this.value.trim();
    eleStyle.innerHTML = value ? '[data-search]:not([data-search*="'+ value +'"])
{ display: none; }' : '';
});
```

最终效果如图 6-1 所示。

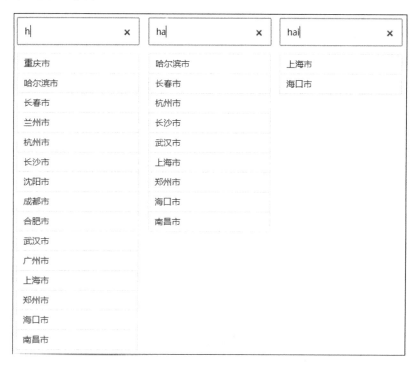

图 6-1　属性选择器与搜索过滤

读者可以手动输入 https://demo.cssworld.cn/selector/6/3-1.php 或扫描下面的二维码亲自体验与学习。

6.4　忽略属性值大小写的正则匹配运算符

正则匹配运算符是属性选择器新增的运算符，它可以忽略属性值大小写，使用字符 i 或者

I 作为运算符值，但约定俗成都使用小写字母 i 作为运算符。语法如下：

```
[attr~="val" i] {}
[attr*="val" i] {}
```

作用对比示意，假设有选择器 [attr*="val"]，则：

```
<!-- 不匹配 -->
<div attr="VAL"></div>
<!-- 匹配 -->
<div attr="Text val"></div>
<!-- 不匹配 -->
<div attr="Value"></div>
<!-- 不匹配 -->
<div attr="Val-ue"></div>
```

如果选择器是 [attr*="val" i]，则：

```
<!-- 匹配 -->
<div attr="VAL"></div>
<!-- 匹配 -->
<div attr="Text val"></div>
<!-- 匹配 -->
<div attr="Value"></div>
<!-- 匹配 -->
<div attr="Val-ue"></div>
```

可以看到，属性值的大小写被完全无视了。

属性值大小写不敏感运算符 i 目前在移动端可以放心使用，尤其在搜索匹配用户昵称或者账户名的时候非常有用，因为用户昵称大小写字母混杂的场景非常常见。因此，上面一节最后介绍的利用属性选择器实现搜索功能的技术可以把运算符 i 也包含进去，也就是：

```
[data-search]:not([data-search*="value" i]) {
  display: none;
}
```

第 7 章

用户行为伪类

我将从本章开始介绍 CSS 伪类，CSS 伪类是 CSS 选择器最有趣的部分，本书中应该会有不少你不知道的高级技巧和应用知识。

用户行为伪类是指与用户行为相关的一些伪类，例如，经过:hover、按下:active 以及聚焦:focus 等。

7.1 手型经过伪类:hover

:hover 是各大浏览器最早支持的伪类之一，最早只能用在<a>元素上，目前可以用在所有 HTML 元素上，包括自定义元素。

```
x-element:hover {}
```

:hover 不适用于移动端，虽然也能触发，但消失并不敏捷，体验反而奇怪。

:hover 在桌面端网页很常用，例如鼠标经过时改变链接的颜色，或者改变按钮的背景色等。除了这个基本用法，我们还可以利用:hover 伪类实现 Tips 提示或者下拉列表效果，其中有不少知识大家可能不知道，值得说一说。

7.1.1 体验优化与:hover 延时

用:hover 实现一些浮层类效果并不难，但是很多人在实现的时候没有注意到可以通过增加:hover 延迟效果来增强交互体验。

CSS :hover 触发是即时的，于是，当用户在页面上不经意划过的时候，会出现浮层覆盖目标元素的情况，如图 7-1 所示，本想 hover 上面的删除按钮，结果鼠标滑过下一个删除图标的时候把上面的按钮给覆盖了。

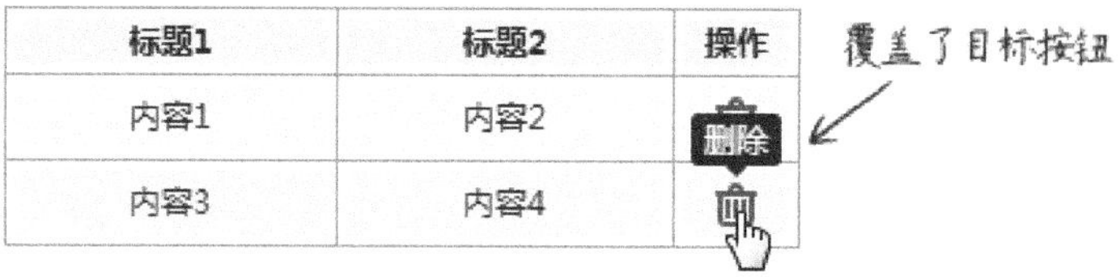

图 7-1 hover 浮层覆盖目标元素的体验问题

可以通过增加延时来优化这种体验，方法就是使用 `visibility` 属性实现元素的显隐，然后借助 CSS `transition` 设置延迟显示即可。

例如：

```
.icon-delete::before,
.icon-delete::after {
    transition: visibility 0s .2s;
    visibility: hidden;
}
.icon-delete:hover::before,
.icon-delete:hover::after {
    visibility: visible;
}
```

此时，当我们鼠标 hover 按钮的时候，浮层不会立即显示，也就不会发生误触碰导致浮层覆盖的体验问题了。读者可以手动输入 https://demo.cssworld.cn/selector/7/1-1.php 查看优化后的效果。

7.1.2 非子元素的 `:hover` 显示

当借助 `:hover` 伪类实现下拉列表效果的时候，相信很多人都是通过父子选择器控制的。例如：

```
.datalist {
    display: none;
}
.datalist-x:hover .datalist {
    display: block;
}
```

然而实际开发的时候，有时候并不方便嵌套标签，此时，我们也可以借助相邻兄弟选择符实现类似的效果，很多人不知道这点。举个简单的例子，实现一个鼠标经过链接来预览图片的交互效果。

```
<a href>图片链接</a>
<img src="1.jpg">
```

我们的目标是鼠标经过链接的时候图片一直保持显示，CSS 代码其实很简单：

```
img {
    display: none;
    position: absolute;
```

```
}
a:hover + img,
img:hover {
    /*鼠标经过链接或鼠标经过图片，图片自身都保持显示 */
    display: inline;
}
```

上述内容一目了然，就不多解释了，主流浏览器全兼容这个伪类，可以放心使用。最终效果示意如图 7-2 所示。

图 7-2　hover 链接显示兄弟图片元素

本示例配有演示页面（桌面浏览器访问），读者可以手动输入 https://demo.cssworld.cn/selector/7/1-2.php 亲自体验与学习。

然而，上面的实现有一个缺陷，那就是如果浮层图片和触发 hover 的链接元素中间有间隙，则鼠标还没有移动到图片上，图片就隐藏起来，导致图片无法持续显示。这个问题也是有办法解决的，那就是借助 CSS transition 增加延时。

由于 transition 属性对 display 无过渡效果，而对 visibility 有过渡效果，因此，图片默认隐藏需要改成 visibility:hidden，CSS 代码如下：

```
img {
    /* 拉开间隙，测试用 */
    margin-left: 20px;
    /* 使用 visibility 隐藏 */
    position: absolute;
    visibility: hidden;
    /* 设置延时 */
    transition: visibility .2s;
}
a:hover + img,
img:hover {
    visibility: visible;
}
```

最终效果如图 7-3 所示。

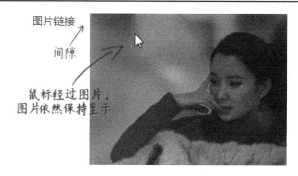

图 7-3　hover 链接显示有间隙的兄弟图片元素

本示例配有演示页面（桌面浏览器访问），读者可以手动输入 https://demo.cssworld.cn/ selector/7/1-3.php 亲自体验与学习。

7.1.3　纯 `:hover` 显示浮层的体验问题

纯`:hover` 显示浮层的体验问题是很多开发人员都没意识到的。例如，某开发使用`:hover` 伪类实现一个下拉菜单功能，纯 CSS 实现，他觉得自己的技术很厉害，并洋洋得意，殊不知已经埋下了巨大的隐患。

`:hover` 交互在有鼠标的时候确实很方便，但是如果用户的鼠标坏了，或者设备本身没有鼠标（如触屏设备、智能电视），则纯`:hover` 实现的下拉列表功能就完全瘫痪了，根本没法使用，这是绝对会让用户抓狂的非常糟糕的体验。

对于带交互的行为，一定不能只使用`:hover` 伪类，还需要其他的处理。

对于 7.1.1 中的删除按钮的 `Tips` 提示，我们可以通过增加`:focus` 伪类来优化体验，如下：

```
.icon-delete::before,
.icon-delete::after {
    transition: visibility 0s .2s;
    visibility: hidden;
}
.icon-delete:hover::before,
.icon-delete:hover::after {
    visibility: visible;
}
/* 提高用户体验 */
.icon-delete:focus::before,
.icon-delete:focus::after {
    visibility: visible;
    transition: none;
}
```

此时，使用键盘上的 Tab 键聚焦我们的删除按钮，可以看到提示信息依然出现了，如图 7-4 所示，如果不加`:focus` 伪类，则用户无法感知提示信息。

图 7-4　focus 按钮显示提示信息

眼见为实，读者可以手动输入 https://demo.cssworld.cn/selector/7/ 1-4.php 亲自体验与学习。

但是，对于本身就带有链接或按钮的浮层元素，使用:focus 伪类是不行的。因为虽然可以触发浮层的显示，但是浮层内部的链接和按钮却无法被点击，因为通过键盘切换焦点元素的时候，浮层会因为失焦而迅速隐藏。不过是有其他解决方法的，那就是使用整体焦点伪类:focus-within，详见 7.4 节。

目前 IE 浏览器并不支持:focus-within，那对于需要兼容 IE 浏览器的项目又该怎么处理呢？我的建议是忽略，因为使用 IE 浏览器且又无法使用鼠标操作的场景非常少见，因此，我们只使用:focus-within 来增强键盘访问体验即可。

当然，如果你的产品用户体量很大，想要精益求精，在 IE 浏览器下使用键盘访问也能完美无误，则可以使用下面这个即将过时的交互准则：**所有鼠标经过按钮，然后显示下拉列表的交互，都要同时保证点击行为也能控制下拉列表的显示和隐藏**。也就是说，仅使用 CSS 代码实现鼠标经过显示下拉列表的效果是不够的，还需要使用 JavaScript 代码额外实现一个点击交互。

7.2　激活状态伪类:active

本节将介绍:active 伪类相关的基础知识、实践技巧和高级应用。

7.2.1　:active 伪类概述

:active 伪类可以用于设置元素激活状态的样式，可以通过点击鼠标主键，也可以通过手指或者触控笔点击触摸屏触发激活状态。具体表现如下，点击按下触发:active 伪类样式，点击抬起取消:active 伪类样式的应用。:active 伪类支持任意的 HTML 元素，例如<div>、<span>等非控件元素，甚至是自定义元素：

```
p:active {
    background-color: skyblue;
}
x-element:active {
    background-color: teal;
}
```

然而，落地到实践，:active 伪类并没有理论上那么完美，包括以下几点。

（1）IE 浏览器下:active 样式的应用是无法冒泡的，例如：

```
img:active {
    outline: 30px solid #ccc;
```

```
}
p:active {
    background-color: teal;
}
<p><img src="1.jpg"></p>
```

此时，点击<img>元素的时候，在 IE 浏览器下，<p>元素是不会触发 :active 伪类样式的，实际上祖先元素的 :active 样式也应当被应用。在 Chrome 以及 Firefox 等浏览器下，其表现符合预期。

（2）在 IE 浏览器下，<html>、<body>元素应用 :active 伪类设置背景色后，背景色是无法还原的。具体来说就是，鼠标按下确实应用了 :active 设置的背景色，但是鼠标抬起后背景色却没有还原，而且此时无论怎么点击鼠标，背景色都无法还原。这是一个很奇怪的 bug，普通元素不会有此问题，这个问题甚至比在 IE7 浏览器下链接元素必须失焦才能取消 :active 样式还要糟糕。

```
/* IE 浏览器下以下 :active 背景色样式一旦应用就无法还原 */
body:active { background-color: gray; }
html:active { background-color: gray; }
:root:active { background-color: gray; }
```

但是其他一些 CSS 属性却是正常的，例如：

```
/* IE 浏览器下以下 :active 样式正常 */
body:active { color: red; }
html:active { color: red; }
:root:active { color: red; }
```

（3）移动端 Safari 浏览器下，:active 伪类默认是无效的，需要设置任意的 touch 事件才支持。我们可以加这么一行 JavaScript 代码：

```
document.body.addEventListener('ontouchstart', function() {});
```

然而，虽然此时 :active 伪类可以生效了，但是 :active 样式应用的时机还是有问题，因此，如果你对细节的要求比较高，建议在 Safari 浏览器下还是使用原生的 -webkit-tap-highlight-color 实现触摸高亮反馈更好：

```
body {
    -webkit-tap-highlight-color: rgba(0,0,0,.05);
}
```

另外，键盘访问无法触发 :active 伪类。例如，<a>元素在 focus 状态下按下 Enter 键的事件行为与点击一致，但是，不会触发 :active 伪类。

最后，:active 伪类的主要作用是反馈点击交互，让用户知道他的点击行为已经成功触发，这对于按钮和链接元素是必不可少的，否则会有体验问题。由于 :active 伪类作用在按下的那一段时间，因此不适合用来实现复杂交互。

7.2.2 按钮的通用 :active 样式技巧

本技巧更适用的场景是移动端开发，因为桌面端可以通过 :hover 反馈状态变化，而移动端只能通过:active 反馈。要知道一个移动端项目会有非常多需要点击反馈的链接和按钮，如果对每一个元素都去设置:active 样式，成本还是挺高的。这里介绍几个通用处理技巧，希望可以节约大家的开发时间。

一种是使用 box-shadow 内阴影，例如：

```
[href]:active,
button:active {
    box-shadow: inset 0 0 0 999px rgba(0,0,0,.05);
}
```

这种方法的优点是它可以兼容到 IE9 浏览器，缺点是对非对称闭合元素无能为力，例如<input>按钮：

```
<!-- 内阴影无效 -->
<input type="reset" value="重置">
<input type="button" value="按钮">
<input type="submit" value="提交">
```

另外一种方法是使用 linear-gradient 线性渐变，例如：

```
[href]:active,
button:active,
[type=reset]:active,
[type=button]:active,
[type=submit]:active {
    background-image: linear-gradient(rgba(0,0,0,.05), rgba(0,0,0,.05));
}
```

这种方法的优点是它对<input>按钮这类非对称闭合元素也有效，缺点是 CSS 渐变是从 IE10 浏览器才开始支持的，如果你的项目还需要兼容 IE9 浏览器，就会有一定的限制。

最后再介绍一种在特殊场景下使用的方法。有时候，我们的链接元素包裹的是一张图片，如下：

```
<a href><img src="1.jpg"></a>
```

如果<a>四周没有 padding 留白，则此时上面两种通用技巧都没有效果，因为:active 样式被图片挡住了。

不少人会想到使用::before 伪元素在图片上覆盖一层半透明颜色模拟:active 效果，但这种方法对父元素有依赖，无法作为通用样式使用，此时，可以试试 outline，如下：

```
[href] > img:only-child:active {
    outline: 999px solid rgba(0,0,0,.05);
    outline-offset: -999px;
    -webkit-clip-path: polygon(0 0, 100% 0, 100% 100%, 0 100%);
    clip-path: polygon(0 0, 100% 0, 100% 100%, 0 100%);
}
```

这种方法的优点是 CSS 的冲突概率极低，对非对称闭合元素也有效。缺点是不适合需要兼容 IE 浏览器的产品，因为虽然 IE8 浏览器就已经支持 outline 属性，但是 outline-offset 从 Edge 15 才开始被支持。还有另外一个缺点就是，outline 模拟的反馈浮层并不是位于元素

的底层，而是位于元素的上方，且可以被绝对定位子元素穿透，因此不适用在包含复杂 DOM
信息的元素中，但是特别适用于类似图片这样的单一元素。

总结一下就是，`outline` 实现 `:active` 反馈适合移动端，适合图片元素。

在实际开发中，大家可以根据自己的需求组合使用上面的几个技巧，以保证所有的控件元
素都有点击反馈。例如：

```
body {
    -webkit-tap-highlight-color: rgba(0,0,0,0);
}
[href]:active,
button:active,
[type=reset]:active,
[type=button]:active,
[type=submit]:active {
    background-image: linear-gradient(rgba(0,0,0,.05), rgba(0,0,0,.05));
}
[href] img:active {
    outline: 999px solid rgba(0,0,0,.05);
    outline-offset: -999px;
    -webkit-clip-path: polygon(0 0, 100% 0, 100% 100%, 0 100%);
    clip-path: polygon(0 0, 100% 0, 100% 100%, 0 100%);
}
```

7.2.3 `:active` 伪类与 CSS 数据上报

如果想要知道两个按钮的点击率，CSS 开发者可以自己动手，无须劳烦 JavaScript 开发者
去埋点：

```
.button-1:active::after {
    content: url(./pixel.gif?action=click&id=button1);
    display: none;
}
.button-2:active::after {
    content: url(./pixel.gif?action=click&id=button2);
    display: none;
}
```

此时，当点击按钮的时候，相关行为数据就会上报给服务器，这种上报，就算把 JavaScript
禁用掉也无法阻止，方便快捷，特别适合 A/B 测试。

7.3 焦点伪类 `:focus`

`:focus` 是一个从 IE8 浏览器开始支持的伪类，它可以匹配当前处于聚焦状态的元素。例
如，高亮显示处于聚焦状态的 `<textarea>` 输入框的边框：

```
textarea {
    border: 1px solid #ccc;
}
textarea:focus {
    border-color: HighLight;
}
```

这样的方式相信大家都用过，不过，接下来要深入介绍的知识很多人可能就不知道了。

7.3.1 　:focus 伪类匹配机制

与:active 伪类不同，:focus 伪类默认只能匹配特定的元素，包括：

- 非 disabled 状态的表单元素，如<input>输入框、<select>下拉框、<button>按钮等；
- 包含 href 属性的<a>元素；
- <area>元素，不过可以生效的 CSS 属性有限；
- HTML5 中的<summary>元素。

其他 HTML 元素应用:focus 伪类是无效的。例如：

```
body:focus {
    background-color: skyblue;
}
```

此时点击页面，<body>元素不会有任何背景色的变化（IE 的表现有问题，请忽略），虽然此时的 document.activeElement 就是<body>元素。

如何让普通元素也能响应:focus 伪类呢？

设置了 HTML contenteditable 属性的普通元素可以应用:focus 伪类。例如：

```
<div contenteditable="true"></div>
<div contenteditable="plaintext-only"></div>
```

因为此时<div>元素是一个类似<textarea>元素的输入框。

设置了 HTML tabindex 属性的普通元素也可以应用:focus 伪类。例如，下面 3 种写法都是可以的：

```
<div tabindex="-1">内容</div>
<div tabindex="0">内容</div>
<div tabindex="1">内容</div>
```

如果期望<div>元素可以被 Tab 键索引，且被点击的时候可以触发:focus 伪类样式，则使用 tabindex="0"；如果不期望<div>元素可以被 Tab 键索引，且只在它被点击的时候触发:focus 伪类样式，则使用 tabindex="-1"。对于普通元素，没有使用自然数作为 tabindex 属性值的场景。

既然普通元素也可以响应:focus 伪类，是不是就可以利用这种特性实现任意元素的点击下拉效果呢？

如果纯展示下拉内容，无交互效果是可以的。例如，实现一个点击二维码图标显示完整二维码图片的交互效果：

```
<img src="icon-qrcode.svg" tabindex="0">
<img class="img-qrcode" src="qrcode.png">

.img-qrcode {
    position: absolute;
    display: none;
}
:focus + .img-qrcode {
    display: inline;
}
```

读者可以手动输入 https://demo.cssworld.cn/selector/7/3-1.php 或扫描下面的二维码亲自体验与学习。

可以看到，点击小图标，二维码图片显示，点击空白处，图片又会隐藏，这正是我们需要的效果。

但实际上，使用 :focus 控制元素的显隐并不完美，在 iOS Safari 浏览器下，元素一旦处于 focus 状态，除非点击其他可聚焦元素来转移 focus 焦点，否则这个元素会一直保持 focus 状态。各个桌面浏览器、Android 浏览器均无此问题。不过这个问题也好解决，只需要给祖先容器元素设置 tabindex="-1"，同时取消该元素的 outline 样式即可，代码示意如下：

```
<body>
    <div class="container" tabindex="-1"></div>
</body>
.container {
    outline: 0 none;
}
```

这样，点击二维码图标以外的元素就会把焦点转移到 .container 元素上，iOS Safari 浏览器的交互就正常了。如果在使用 JavaScript 进行开发的时候遇到 iOS Safari 浏览器不触发 blur 事件的问题，也可以用这种方法解决。需要注意的是，tabindex="-1" 设置在 <body> 元素上是无效的。

但这个方法只适用于纯展示的下拉效果，如果下拉浮层内部有其他交互效果，则此方法就有问题，要么失焦，要么焦点转移，都会导致下拉浮层的消失。遇到这种场景，可以使用下一节要介绍的整体焦点伪类 :focus-within。

最后一点，一个页面永远最多有一个焦点元素，这也就意味着一个页面最多只会有一个元素响应:focus 伪类样式。

7.3.2　:focus 伪类与 outline

本节将深入介绍:focus 伪类与 outline 轮廓之间的关系。

1．一个常见的糟糕的业余做法

很多开发人员不知道从哪里粘贴的 CSS reset 代码，居然有下面这样糟糕的样式代码：

```
* { outline: 0 none; }
```

或者

```
a { outline: 0 none; }
```

在我看来，真的是一点常识都没有。

在很多年前的 IE 浏览器时代，点击任意的链接或者按钮都会出现一个虚框轮廓，影响美观，于是就有人想到设置 outline 为 none 来进行重置，这也算可以理解。但是现在都什么年代了，浏览器早就优化了这种体验，鼠标点击链接是不会有虚框轮廓或者外发光轮廓的，因此完全没有任何理由重置 outline 属性，这反而带来了严重的体验问题，那就是完全无法使用键盘进行无障碍访问。

使用键盘访问网页其实是很常见的，例如，鼠标没电或者鼠标坏了，使用智能电视的遥控器访问页面，使用键盘进行快捷操作。使用键盘访问网站的主要操作就是使用 Tab 键或者方向键遍历链接和按钮元素，使它们处于 focus 状态，此时浏览器会通过虚框或者外发光的形式进行区分和提示，这样用户就知道目前访问的是哪一个元素，按下确认键就可以达到自己想要的目标。但是，如果设置 outline:none，取消了元素的轮廓，用户就根本无法知道现在到底哪个元素处于 focus 状态，网站完全没法使用，这是极其糟糕的用户体验。

如果你对浏览器默认的轮廓效果不满意，想要重置它也是可以的，但是一定不要忘记设置新的:focus 样式效果。

例如，如果希望聚焦表单输入框的时候呈现的不是黑边框或是外发光效果，而是边框高亮显示，则可以：

```
textarea:focus {
    outline: 0 none;
    border-color: HighLight;
}
```

事情还没有结束，Chrome 浏览器下，当设置了背景的<button>元素、<summary>元素以及设置了 tabindex 属性的普通元素被点击的时候，也会显示浏览器默认的外放光轮廓，从体验角度讲，点击行为不应该出现外放光轮廓，外放光轮廓应该只在键盘 focus 的时候才触发，Firefox 浏览器和 IE 浏览器在这一点上做得不错。

问题来了，如果设置 outline 为 none，则使用键盘访问就有问题；如果不设置，则点击访问体验不佳。矛盾由此产生，对于占比最高的 Chrome 浏览器，我们如何兼顾点击的样式体验和键盘的可访问性呢？

最好的方法就是使用 7.5 节中介绍的:focus-visible 伪类，它是专门为这种场景设计的。

2. 模拟浏览器原生的 focus 轮廓

在实际开发过程中难免会遇到需要模拟浏览器原生聚焦轮廓的场景，Chrome 浏览器下是外发光，IE 和 Firefox 浏览器下则是虚点，理论上讲，使用如下 CSS 代码是最准确的：

```
:focus {
    outline: 1px dotted;
    outline: 5px auto -webkit-focus-ring-color;
}
```

对于一些小图标，可能会设置 color:transparent，还有一些按钮的文字颜色是淡色，这会导致 IE 和 Firefox 浏览器下虚框轮廓不可见，因此，在实际开发的时候，我会指定虚线颜色：

```
:focus {
    outline: 1px dotted HighLight;
    outline: 5px auto -webkit-focus-ring-color;
}
```

7.3.3　CSS :focus 伪类与键盘无障碍访问

:focus 伪类与键盘无障碍访问密切相关，因此，实际上需要使用:focus 伪类的场景比预想的要多，以前你的很多实现其实是有问题的。

1. 为什么不建议使用 span 或 div 按钮

<span>或者<div>元素也能模拟按钮的 UI 效果，但并不建议使用。一来原生的<button>元素可以触发表单提交行为，使表单可以原生支持 Enter 键；二来原生的<button>天然可以被键盘 focus，保证我们的页面可以纯键盘无障碍访问。

但是<span>或者<div>按钮是没有上面这些行为的，如果要支持这些比较好的原生特性，要么需要额外的 JavaScript 代码，要么需要额外的 HTML 属性设置。例如，tabindex="0"支持 Tab 键索引，role="button"支持屏幕阅读器识别等。

总之，使用<span>或者<div>模拟按钮的 UI 效果是一件高成本低收益的事情，不到万不得已，没有使用<span>或者<div>模拟按钮的理由！如果你是嫌弃按钮本身的兼容性不够好，可以使用<label>元素模拟，使用 for 属性进行关联。例如：

```
<input id="submit" type="submit">
<label class="button" for="submit">提交</label>
[type="submit"] {
    position: absolute;
```

```
    clip: rect(0 0 0 0);
}
.button {
    /* 按钮样式... */
}
/* focus 轮廓转移 */
:focus + .button {
    outline: 1px dotted HighLight;
    outline: 5px auto -webkit-focus-ring-color;
}
```

使用<label>元素模拟按钮的效果既保留了语义和原生行为，视觉上又完美兼容。

2. 模拟表单元素的键盘可访问性

[type="radio"]、[type="checkbox"]、[type="range"]类型的<input>元素的 UI 往往不符合网站的设计风格，需要自定义，常规实现一般都没问题，关键是很多开发者会忘了键盘的无障碍访问。

以[type="checkbox"]复选框为例：

```
<input id="checkbox" type="checkbox">
<label class="checkbox" for="checkbox">提交</label>
```

我们需要隐藏原生的[type="checkbox"]多选框，使用关联的<label>元素自定义的复选框样式。

关键 CSS 如下：

```
[type="checkbox"] {
    position: absolute;
    clip: rect(0 0 0 0);
}
.checkbox {
    border: 1px solid gray;
}
/* focus 时记得高亮显示自定义输入框 */
:focus + .checkbox {
    border-color: skyblue;
}
```

这类自定义实现有两个关键点。

（1）原始复选框元素的隐藏，要么设置透明度 opacity:0 隐藏，要么剪裁隐藏，千万不要使用 visibility:hidden 或者 display:none 进行隐藏，虽然 IE9 及以上版本的浏览器的功能是正常的，但是这两种隐藏是无法被键盘聚焦的，键盘的可访问性为 0。

（2）不要忘记在原始复选框聚焦的时候高亮显示自定义的输入框元素，可以是边框高亮，或者外发光也行。通常都是使用相邻兄弟选择符（+）实现，特殊情况也可以使用兄弟选择符（~），如高亮多个元素时。

市面上有不少 UI 框架，如何区分品质？很简单，使用 Tab 键索引页面元素，如果输入框有高亮，则这个 UI 框架比较专业，如果什么反应都没有，建议换另一种框架。

3. 容易忽略的鼠标经过行为的键盘可访问性

键盘可访问性在 7.1.3 节介绍:hover 伪类的时候提过，需要同时设置:focus 伪类来提高键盘的可访问性，如图 7-5 所示。

图 7-5 设置:focus 伪类增强键盘的可访问性

这里再介绍另外一种非常容易被忽略的影响用户体验的交互实现。

为了版面的整洁，列表中的操作按钮默认会隐藏，当鼠标经过列表的时候才显示，如图 7-6 所示。

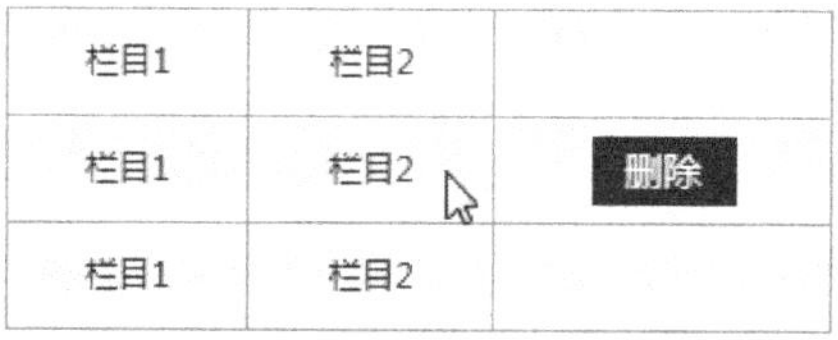

栏目1	栏目2	
栏目1	栏目2	删除
栏目1	栏目2	

图 7-6 鼠标经过显示列表按钮

很多人在实现的时候并没有考虑很多，直接使用 display:none 隐藏或者 visibility: hidden 隐藏，结果导致无法通过键盘让隐藏的控件元素显示，因为这两种隐藏方式会让元素无法被聚焦，那该怎么办呢？可以试试使用 opacity（透明度）控制内容的显隐，这样就可以通过:focus 伪类让按钮在被键盘聚焦的时候可见。例如:

```
tr .button {
    opacity: 0;
}
tr:hover .button,
tr .button:focus {
    opacity: 1;
}
```

效果如图 7-7 所示。

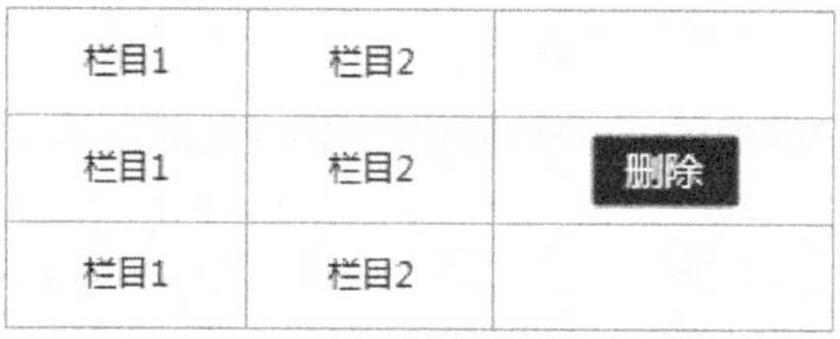

栏目1	栏目2	
栏目1	栏目2	删除
栏目1	栏目2	

图 7-7 focus 时也能显示列表按钮

　　本示例配有演示页面（桌面浏览器访问），读者可以手动输入 https://demo.cssworld.cn/
selector/7/3-2.php 亲自体验和学习。

7.4　整体焦点伪类:`focus-within`

　　整体焦点伪类:`focus-within` 非常实用，且兼容性不错，目前已经可以在实际项目中使
用，包括移动端项目和无须兼容 IE 浏览器的桌面端项目。

7.4.1　:`focus-within` 和:`focus` 伪类的区别

　　CSS :`focus-within` 伪类和:`focus` 伪类有很多相似之处，那就是伪类样式的匹配离不
开元素聚焦行为的触发。区别在于:`focus` 伪类样式只有在当前元素处于聚焦状态的时候才匹
配，而:`focus-within` 伪类样式在当前元素或者是当前元素的任意子元素处于聚焦状态的时
候都会匹配。

　　举个例子：

```
form:focus {
  outline: solid;
}
```

表示仅当<form>处于聚焦状态的时候，<form>元素的 `outline`（轮廓）才会出现。

```
form:focus-within {
  outline: solid;
}
```

表示<form>元素自身，或者<form>内部的任意子元素处于聚焦状态时，<form>元素的
`outline`（轮廓）都会出现。换句话说，子元素聚焦，可以让父级元素的样式发生变化。

　　这是 CSS 选择器世界中很了不起的革新，因为:`focus-within` 伪类的行为本质上是一种
"父选择器"行为，子元素的状态会影响父元素的样式。由于这种"父选择器"行为需要借助用
户的行为触发，属于"后渲染"，不会与现有的渲染机制相互冲突，因此浏览器在规范出现后不
久就快速支持了。

7.4.2　:`focus-within` 实现无障碍访问的下拉列表

　　:`focus-within` 伪类非常实用，一方面它可以用在表单控件元素上（无论是样式自定义
还是交互布局）。例如输入框聚焦时高亮显示前面的描述文字，我们可以不用把描述文字放在输
入框的后面（具体见 4.4.3 节中的示例），正常的 DOM 顺序即可：

```
<div class="cs-normal">
```

```
    <label class="cs-label">用户名：</label><input class="cs-input">
</div>
.cs-normal:focus-within .cs-label {
    color: darkblue;
    text-shadow: 0 0 1px;
}
```

效果如图 7-8 所示。

图 7-8　输入框聚焦，前面的文字被高亮显示

读者可以手动输入 https://demo.cssworld.cn/selector/7/4-1.php 或扫描下面的二维码亲自体验与学习。

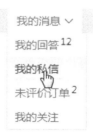

另一方面，它可以用于实现完全无障碍访问的下拉列表，即使下拉列表中有其他链接或按钮也能正常访问。例如，要实现一个类似图 7-9 所示的下拉效果。

图 7-9　带其他交互的下拉列表效果示意

HTML 结构如下：

```
<div class="cs-details">
    <a href="javascript:" class="cs-summary">我的消息</a>
    <div class="cs-datalist">
        <a href>我的回答<sup>12</sup></a>
        <a href>我的私信</a>
        <a href>未评价订单<sup>2</sup></a>
        <a href>我的关注</a>
    </div>
</div>
```

我们在父元素`.cs-details`上使用`:focus-within`伪类来控制下拉列表的显示和隐藏，如下：

```
.cs-datalist {
    display: none;
    position: absolute;
    border: 1px solid #ddd;
    background-color: #fff;
}
/* 下拉展开 */
.cs-details:focus-within .cs-datalist {
    display: block;
}
```

本例中共有 5 个`<a>`元素，其中一个用于触发下拉显示的`.cs-summary`元素，另外 4 个在下拉列表中。

无论点击这 5 个`<a>`元素中的哪一个，都会触发父元素`.cs-details`设置的`:focus-within`伪类样式，因此可以让下拉列表一直保持显示状态；点击页面任意空白，下拉自动隐藏，效果非常完美。

读者可以手动输入 https://demo.cssworld.cn/selector/7/4-2.php 或扫描下面的二维码亲自体验与学习。

我可以这么肯定，以后，对于这类下拉交互，采用`:focus-within`伪类实现会是约定俗成的标准解决方案。

7.5　键盘焦点伪类`:focus-visible`

`:focus-visible`伪类是一个非常年轻的伪类，在我写本书的时候仅 Chrome 浏览器标准支持，但足矣。深入用户体验的开发者会觉得这个伪类实在是太有用了。

`:focus-visible`把我感动哭了

`:focus-visible`伪类匹配的场景是：元素聚焦，同时浏览器认为聚焦轮廓应该显示。

是不是很拗口？规范就是这么定义的。`:focus-visible`的规范并没有强行约束匹配逻辑，而是交给了 UA（也就是浏览器）。我们将通过真实的案例来解释下这个伪类是做什么用的。

在所有现代浏览器下，鼠标点击链接元素\<a>的时候是不会有焦点轮廓的，但是使用键盘访问的时候会出现，这是非常符合预期的体验。

但是在 Chrome 浏览器下，有一些特殊场景并不是这么表现的：

- 设置了背景的\<button>按钮；
- HTML5 中的\<summary>元素；
- 设置了 HTML tabindex 属性的元素；

在 Chrome 浏览器下点击鼠标的时候，以上 3 个场景也会出现明显的焦点轮廓，如图 7-10 所示。

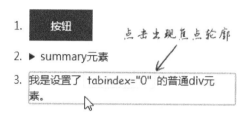

图 7-10　鼠标点击设置了 tabindex 属性的元素时出现焦点轮廓

这其实是我们并不希望看到的，在点击鼠标的时候轮廓不应该出现（没有高亮的必要），但是在我们使用键盘访问的时候需要出现（让用户知道当前聚焦元素），Firefox 浏览器以及 IE 浏览器的表现均符合我们的期望，点击访问时无轮廓，键盘访问时才会出现，Safari 浏览器按钮的表现符合期望。

但是，又不能简简单单地设置 outline:none 来处理，因为这样会把使用键盘访问时应当出现的焦点轮廓给隐藏掉，从而带来严重的无障碍访问问题。

为了兼顾视觉体验和键盘无障碍访问，我之前的做法是使用 JavaScript 进行判断，如果元素的:focus 触发是键盘访问触发，就给元素添加自定义的 outline 轮廓，否则，去除 outline，这样做成本颇高。

现在有了:focus-visible 伪类，所有问题迎刃而解，在目前版本的 Chrome 浏览器下，浏览器认为使用键盘访问时触发的元素聚焦才是:focus-visible 所表示的聚焦。换句话说，:focus-visible 可以让我们知道元素的聚焦行为到底是鼠标触发还是键盘触发。因此，如果希望去除鼠标点击时候的 outline，而保留键盘访问时候的 outline，只要一条短短的 CSS 规则就可以了：

```
:focus:not(:focus-visible) {
    outline: 0;
}
```

这样，Chrome 浏览器下让人头疼的轮廓问题就得到了解决。

眼见为实，读者可以手动输入 https://demo.cssworld.cn/selector/7/5-1.php 或扫描下面的二维码亲自体验与学习。

此时，我们点击设置了 tabindex 属性的<div>元素将不会出现轮廓，如图 7-11 所示。

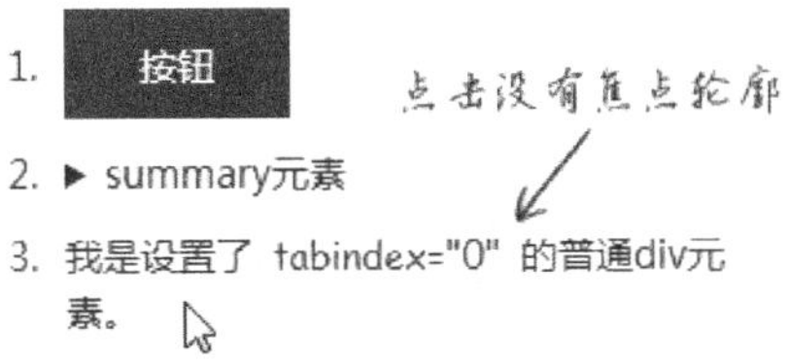

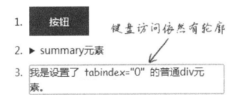

图 7-11 鼠标点击设置了 tabindex 属性的元素将不会出现轮廓

但是，如果我们使用键盘访问，例如按下 Tab 键进行索引，轮廓依然存在，如图 7-12 所示。

图 7-12 使用键盘访问设置了 tabindex 属性的元素时依然出现了轮廓

完美，感动！

第 8 章

URL 定位伪类

本章主要介绍与浏览器地址栏中地址相关的一些伪类，其中 CSS 选择器规范中的:local-link 伪类（基于域名匹配）目前没有任何浏览器支持，也看不到日后会得到支持的迹象，因此本书不做介绍。

8.1　链接历史伪类:link 和:visited

本节将介绍两个与链接地址访问历史有关的伪类，其中的细节惊人得多。

8.1.1　深入理解:link

:link 伪类历史悠久，但如今开发实际项目的时候，很少使用这个伪类，为什么呢？这里带大家深入:link 伪类的细节，你就知道原因了。

:link 伪类用来匹配页面上 href 链接没有访问过的<a>元素。

因此，我们可以用:link 伪类来定义链接的默认颜色为天蓝色：

```
a:link {
    color: skyblue;
}
```

乍一看这个定义没什么问题，但实际上有纰漏，那就是如果链接已经被访问过，那<a>元素的文字颜色又该是什么呢？结果是系统默认的链接色。这也就意味着，使用:link 伪类必须指定已经访问过的链接的颜色，通常使用:visited 伪类进行设置。例如：

```
a:visited { color: lightskyblue; }
```

也可以直接使用 a 标签选择器，但不推荐这么用，因为这一点也不符合语义：

```
a { color: lightskyblue; }
```

加上链接通常会设置 :hover 伪类，使得鼠标经过的时候变色，这就出现了优先级的问题。大家都是伪类，平起平坐，如果把表示默认状态的伪类放在最后，必然会导致其他状态的样式无法生效，因此，:link 伪类一定要放在最前面。这里不得不提一下著名的"love-hate 顺序"，:link→:visited→:hover→:active，首字母连起来是 LVHA，取自 love-hate，爱恨情仇，很好记忆。

如果记不住也没关系，还有其他方法可以不需要记忆这几个伪类的顺序。HTML 中有 3 种链接元素，可以原生支持 href 属性，分别是<a>、<link>和<area>，但:link 伪类只能匹配<a>元素，因此，实际开发可以直接写作：

```
:link { color: skyblue; }
```

这样，就算:link 伪类放在最后面，也不用担心优先级的问题：

```
a:visited { color: lightskyblue; }
a:hover { color: deepskyblue; }
:link { color: skyblue; }
```

下面该说说:link 伪类落寞的原因了，归根结底就是竞争不过 a 标签选择器。例如：

```
a { color: skyblue; }
```

CSS 开发者一看，咦？和使用:link 伪类效果一样啊，而且比:link 伪类更好用。

如果网站需要标记已访问的链接，再设置一下:visited 伪类样式即可，如下：

```
a { color: skyblue; }
a:visited { color: lightskyblue; }
```

如果网站不需要标记已访问的链接，则不需要再写任何多余的代码进行处理，这不仅节约了代码，而且还更容错，比:link 伪类好用多了。

于是，久而久之，大家也都约定俗成，使用优先级极低的 a 标签选择器设置默认链接颜色，如果有其他状态需要处理，再使用伪类。

当然，凡事都有两面性，:link 伪类沦为鸡肋后，大家已经不知道:link 伪类与 a 标签选择器相比还是有优势的，那就是:link 伪类可以识别真链接。这是什么意思呢？例如，一些 HTML：

```
<a href>链接</a>
<a name="example">非链接</a>
```

其中<a name="example"></a>并不是一个链接元素，因为其中没有 href 属性，点击将无反应，也无法响应键盘访问。因此，这段 HTML 对应的文字颜色就不能是链接颜色，而应该是普通的文本颜色。此时 a 标签选择器的问题就出现了，它会让不是链接的<a>元素也呈现为链接色，而:link 伪类就不会出现此问题，它只会匹配<a href></a>这段 HTML 元素。

从这一点来看，:link 伪类更合适，也更规范。例如我很喜欢移除 href 属性来表示<a>元素按钮的禁用状态，如果使用:link 伪类，那按钮的禁用和非禁用的 CSS 就更好控制了。

　　但是，a:link 带来的混乱要比收益高得多，而且也有更容易理解的替代方法来区分<a>元素的链接性质，那就是直接使用属性选择器代替 a 标签选择器：

```
[href] { color: skyblue; }
```

　　区分<a>元素按钮是否禁用可以用下面的方法：

```
.cs-button:not([href]) { opacity: .6; }
```

　　对于:link 伪类，就让它沉寂下去吧。

8.1.2　怪癖最多的 CSS 伪类:`visited`

　　CSS 伪类:visited 是怪癖最多的伪类，这些怪癖设计的原因都是出于安全考虑。接下来我们将深入这些怪癖，好好了解一下:visited 伪类诸多有趣的特性。

1. 支持的 CSS 属性有限

　　:visited 伪类选择器支持的 CSS 很有限，目前仅支持下面这些 CSS：color，background-color，border-color，border-bottom-color，border-left-color，border-right-color，border-top-color，column-rule-color 和 outline-color。

　　类似::before 和::after 这些伪元素则不支持。例如，我们希望使用文字标示已经访问过的链接，如下：

```
/* 注意，不支持 */
a:visited::after { content: 'visited'; }
```

　　很遗憾，想法虽好，但没有任何浏览器会支持，请死了这条心吧！

　　不过好在:visited 伪类支持子选择器，但它所能控制的 CSS 属性和:visited 一模一样，即那几个和颜色相关的 CSS 属性，也不支持::before 和::after 这些伪元素。

　　例如：

```
a:visited span{color: lightskyblue;}
<a href="">文字<span>visited</span></a>
```

　　如果链接是浏览器访问过的，则<span>元素的文字颜色就会是淡天蓝色，如图 8-1 所示。

<p align="center">文字<span style="color:lightskyblue">visited</span></p>

<p align="center">图 8-1　'visited'文字变为淡天蓝色</p>

　　于是，我们就可以通过下面这种方法实现在访问过的链接文字后面加上一个 visited 字样。HTML 如下：

```
<a href="">文字<small></small></a>
```

CSS 如下：

```
small { position: absolute; color: white; } /* 这里设置 color: transparent 无效 */
small::after { content: 'visited'; }
a:visited small { color: lightskyblue; }
```

效果如图 8-2 所示。

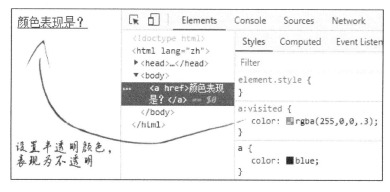

图 8-2　在文字后面显示'visited'字样

2. 没有半透明

使用 :visited 伪类选择器控制颜色时，虽然在语法上它支持半透明色，但是在表现上，则要么纯色，要么全透明。

例如：

```
a { color: blue; }
a:visited { color: rgba(255,0,0,.3); }
```

结果不是半透明红色，而是纯红色，完全不透明，如图 8-3 所示。

图 8-3　完全不透明颜色示意

3. 只能重置，不能凭空设置

请问：对于下面这段 CSS，访问过的<a>元素有背景色吗？

```
a { color: blue; }
a:visited { color: red; background-color: gray; }
```

HTML 为：

```
<a href>有背景色吗？</a>
```

答案是不会有背景色，如图 8-4 所示。

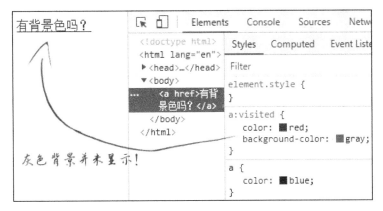

图 8-4　没有显示背景色

因为:visited 伪类选择器中的色值只能重置，不能凭空设置。我们将前面的 CSS 修改成下面的 CSS 就可以了：

```
a { color: blue; background-color: white; }
a:visited { color: red; background-color: gray; }
```

此时文字的背景色就很神奇地显现出来了，如图 8-5 所示。

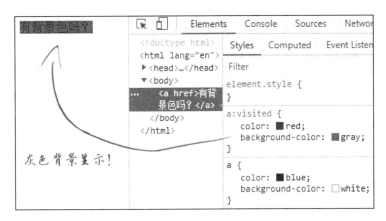

图 8-5　灰色背景色显现

也就是说，默认需要有一个背景色，这样我们的链接元素在匹配:visited 的时候才会有背景色呈现。

4. 无法获取:visited 设置和呈现的色值

当文字颜色值表现为:visited 选择器设置的颜色值时，我们使用 JavaScript 的 getComputedStyle()方法将无法获取到这个颜色值。

已知 CSS 如下：

```
a { color: blue; }
a:visited { color: red; }
```

我们的链接表现为红色，此时运行下面的 JavaScript 代码：

```
window.getComputedStyle(document.links[0]).color;
```

结果输出"`rgb(0,0,255)`"，也就是蓝色（blue）对应的 RGB 色值，如图 8-6 所示。

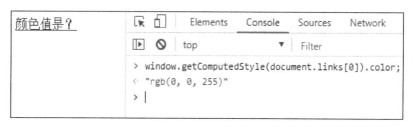

图 8-6　获取的色值是蓝色，而非呈现的红色

8.2　超链接伪类：`any-link`

本节将介绍一个后起之秀——伪类`:any-link`。`:any-link` 伪类与`:link` 伪类有很多相似之处，但比`:link` 这种鸡肋伪类要实用得多，说它完全弥补了`:link` 伪类的缺点也不为过。

`:any-link` 相比`:link` 的优点是什么

大家应该还记得，前面说过的`:link` 伪类的两大缺点：一是能设置未访问过的元素的样式，对已经访问过的元素完全无效，已经访问过的元素还需要额外的 CSS 设置；二是只能作用于`<a>`元素，和标签选择器 a 看起来没差别，完全竞争不过更简单有效的标签选择器 a，因而沦为鸡肋伪类。

正是因为`:link` 伪类存在这些不足，所以 W3C 官方才推出了新的`:any-link` 伪类，`:any-link` 伪类的实用性就完全发生了变化。

`:any-link` 伪类有如下两大特性。

- 匹配所有设置了 `href` 属性的链接元素，包括`<a>`、`<link>`和`<area>`这 3 种元素；
- 匹配所有匹配`:link` 伪类或者`:visited` 伪类的元素。

我称之为"真·链接伪类"。

下面我们通过一个示例来直观地了解一下`:any-link` 伪类。HTML 和 CSS 代码如下：

```
<a href="//www.cssworld.cn?r=any-link">没有访问过的链接</a><br>
<a href>访问过的链接</a><br>
<a>没有设置 href 属性的 a 元素</a>
a:any-link { color: white; background-color: deepskyblue; }
```

结果如图 8-7 所示。

没有访问过的链接
访问过的链接
没有设置href属性的a元素

图 8-7 :any-link 伪类匹配了访问和没有访问过的链接

我们可以对比同样的 HTML 代码下 :link 伪类的呈现效果:

```
a:link {
    color: white;
    background-color: deepskyblue;
}
```

结果如图 8-8 所示[①]。

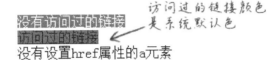

没有访问过的链接
访问过的链接
没有设置href属性的a元素

图 8-8 :link 伪类仅匹配了未访问过的链接元素

对比图 8-7 和图 8-8,可以很容易看出 :any-link 伪类的优点:与 a 标签选择器相比, :any-link 伪类可以更加准确地识别链接元素;与 :link 伪类相比,使用 :any-link 伪类无须担心 :visited 伪类对样式的干扰,它是真正意义上的链接伪类。

实际开发项目时,因为我们很少使用 <area> 元素, <link> 元素默认 display:none,所以我们可以直接使用伪类作为选择器:

```
:any-link {
    color: skyblue;
}
:any-link:hover {
    color: deepskyblue;
}
```

兼容性

IE 浏览器并不支持 :any-link 伪类,但其他浏览器的支持良好,因此,移动端或者其他不需要兼容 IE 浏览器的项目都可以放心使用 :any-link 伪类。

8.3 目标伪类:`target`

:target 是 IE9 及以上版本的浏览器全部支持的且已经支持了很多年的一个 CSS 伪类,

---

① 由于 IE 浏览器不认为空的 href 属性是当前页面地址(认为是当前目录根地址),因此,上面第 2 个 <a> 元素的颜色不会变;如果不是空链接,而是其他访问过的链接,则 IE 浏览器不显示背景色,这有别于 Chrome/Firefox 等浏览器。

它是一个与 URL 地址中的锚点定位强关联的伪类，可以用来实现很多原本需要 JavaScript 才能实现的交互效果。

8.3.1 　`:target` 与锚点

假设浏览器地址栏中的地址如下：

```
https://www.cssworld.cn/#cs-anchor
```

则`#cs-anchor`就是"锚点"，术语名称是哈希（hash 的音译），即 JavaScript 中 location.hash 的返回值。

URL 锚点可以和页面中 id 匹配的元素进行锚定，浏览器的默认行为是触发滚动定位，同时进行`:target`伪类匹配。

举个例子，假设页面有如下 HTML：

```
<ul>
    <li id="cs-first">第 1 行，id 是 cs-first</li>
    <li id="cs-anchor">第 2 行，id 是 cs-anchor</li>
    <li id="cs-last">第 3 行，id 是 cs-last</li>
</ul>
```

以及如下 CSS：

```
li:target {
    font-weight: bold;
    color: skyblue;
}
```

则呈现的效果如图 8-9 所示，第二行列表的颜色为天蓝色，同时文字加粗显示。

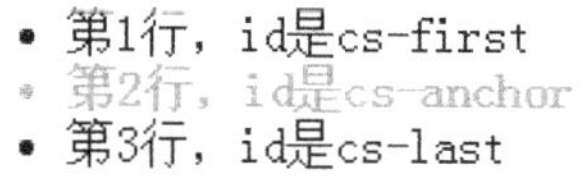

- 第1行，id是cs-first
- 第2行，id是cs-anchor
- 第3行，id是cs-last

图 8-9　`:target` 伪类的基本效果

这就是`:target`伪类的作用——匹配 URL 锚点对应的元素。

一些细节

部分浏览器（如 IE 浏览器和 Firefox 浏览器）下，<a>元素的 name 属性值等同于锚点值时，也会触发浏览器的滚动定位。例如：

```
<a name="cs-anchor">a 元素，name 是 cs-anchor</a>
```

这种用法是否可以匹配`:target`伪类呢？根据目前的测试，仅 Firefox 浏览器可以匹配，如果同时有其他 id 属性值等同于锚点值的元素，例如：

```
<a name="cs-anchor">a 元素，name 是 cs-anchor</a>
```

```
<ul>
    <li id="cs-first">第 1 行, id 是 cs-first</li>
    <li id="cs-anchor">第 2 行, id 是 cs-anchor</li>
    <li id="cs-last">第 3 行, id 是 cs-last</li>
</ul>
```

则浏览器会优先且唯一匹配 li#cs-anchor 元素, a[name="cs-anchor"]元素被忽略。

总而言之, 由于兼容性等原因, 不推荐使用<a>元素加 name 属性值进行锚点匹配。

如果页面有多个元素使用同一个 id, 则:target 只会匹配第一个元素。例如:

```
<ul>
    <li id="cs-first">第 1 行, id 是 cs-first</li>
    <li id="cs-anchor">第 2 行, id 是 cs-anchor</li>
    <li id="cs-last">第 3 行, id 是 cs-last</li>
    <li id="cs-anchor">第 4 行, id 同样是 cs-anchor</li>
</ul>
```

则呈现效果如图 8-10 所示, 仅第 2 行列表文字加粗变色, 第 4 行文字没有任何变化。

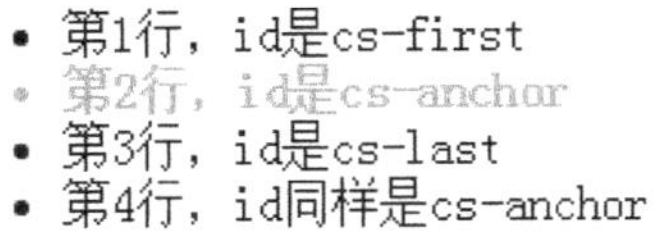

- 第1行, id是cs-first
- 第2行, id是cs-anchor
- 第3行, id是cs-last
- 第4行, id同样是cs-anchor

图 8-10　:target 伪类仅匹配第一个元素

然而, IE 浏览器却不走寻常路, 第 2 行和第 4 行的<li>元素全匹配了, 如图 8-11 所示。

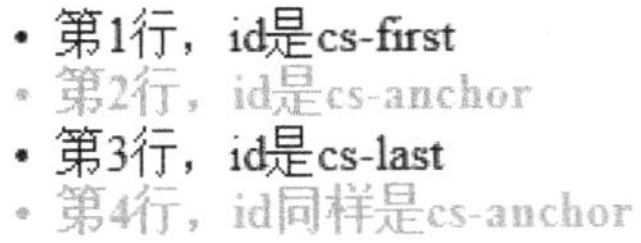

- 第1行, id是cs-first
- 第2行, id是cs-anchor
- 第3行, id是cs-last
- 第4行, id同样是cs-anchor

图 8-11　IE 浏览器下:target 伪类匹配全部元素

因此, 一定不要使用重复的 id 值, 这既会造成不兼容, 也不符合语义。如果你想借助:target 伪类匹配多个元素, 请借助 CSS 选择符实现, 例如父子选择符或者兄弟选择符等。

当我们使用 JavaScript 改变 URL 锚点值的时候, 也会触发:target 伪类对元素的匹配。例如, 执行如下 JavaScript 代码, 页面中对应的#cs-anchor 元素就会匹配:target 伪类并产生定位效果:

```
location.hash = 'cs-anchor';
```

如果匹配锚点的元素是 display:none, 则所有浏览器不会触发任何滚动, 但是 display:none 元素依然匹配:target 伪类。例如:

```
<ul>
    <li id="cs-first">第 1 行, id 是 cs-first</li>
    <li id="cs-anchor" hidden>第 2 行, id 是 cs-anchor</li>
    <li id="cs-last">第 3 行, id 是 cs-last</li>
</ul>
```

```
:target + li {
    font-weight: bold;
    color: skyblue;
}
```

则第 3 行文字将表现为天蓝色同时被加粗，如图 8-12 所示。

- 第1行，id是cs-first
- 第3行，id是cs-last

图 8-12　display:none 元素依然匹配:target 伪类

千万不要小看这种行为表现，设置元素 display:none 同时进行:target 伪类匹配是我所知道的实现诸多交互效果同时保证良好体验唯一有效的手段，具体参见下一节内容。

8.3.2　:target 交互布局技术简介

:target 不仅可以标记锚点锚定的元素，还可以用来实现很多原本需要 JavaScript 才能实现的效果。

这里要介绍的这种技术实现不会有页面跳动（滚动重定位）的问题，可以直接落地实际开发。

1. 展开与收起效果

例如，一篇文章只显示了部分内容，需要点击"阅读更多"才显示剩余内容，HTML 如下：

```
文章内容，文章内容，文章内容，文章内容，文章内容，文章内容，文章内容……
<div id="articleMore" hidden></div>
<a href="#articleMore" class="cs-button" data-open="true">阅读更多</a>
<p class="cs-more-p">更多文章内容，更多文章内容，更多文章内容，更多文章内容。</p>
<a href="##" class="cs-button" data-open="false">收起</a>
```

这里依次出现了以下 4 个标签元素：

- div#articleMore 元素是一直隐藏的锚链元素，用来匹配:target 伪类；
- a[data-open="true"]是"阅读更多"按钮，点击地址栏中的 URL 地址，锚点值会变成#articleMore，从而触发:target 伪类的匹配；
- p.cs-more-p 是默认隐藏的更多的文章内容；
- a[data-open="false"]是收起按钮，点击后将重置锚点值，页面的所有元素都不会匹配:target 伪类。

相关 CSS 如下：

```
/* 默认"更多文章内容"和"收起"按钮隐藏 */
.cs-more-p,
[data-open=false] {
    display: none;
}
/* 匹配后"阅读更多"按钮隐藏 */
```

```
:target ~ [data-open=true] {
    display: none;
}
/* 匹配后"更多文章内容"和"收起"按钮显示 */
:target ~ .cs-more-p,
:target ~ [data-open=false] {
    display: block;
}
```

上述 CSS 的实现原理是把锚链元素放在最前面，然后通过兄弟选择符~来控制对应元素的显隐变化。

传统实现是把锚链元素作为父元素使用的，但这样做有一个严重的体验问题：当 display 属性值不是 none 的元素被锚点匹配的时候，会触发浏览器原生的滚动定位行为，而传统实现方法中的父元素 display 的属性值显然不是 none，于是每当点击"阅读更多"按钮，浏览器都会把父元素瞬间滚动至浏览器窗口的顶部，这给用户的感觉就是页面突然跳动了一下，带来了很不好的体验。虽然新的 scroll-behavior:smooth 可以优化这种体验，但是由于兼容性问题，也并不是特别好的方案。

于是，综合来看，最好的交互方案就是锚链元素 display:none，同时把锚链元素放在需要进行样式控制的 DOM 结构的前面，通过兄弟选择符进行匹配。

我们来看下上面例子实现的效果，默认情况下如图 8-13 所示。

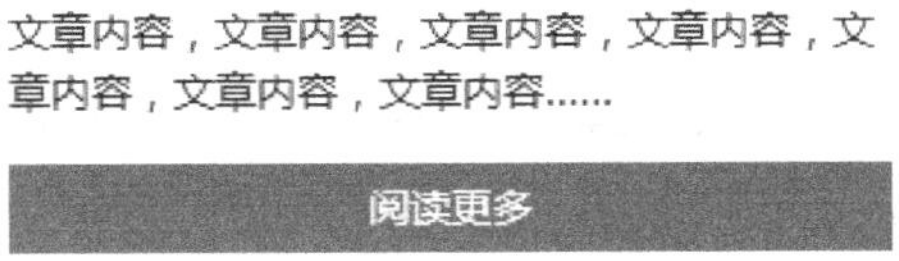

文章内容，文章内容，文章内容，文章内容，文章内容，文章内容，文章内容……

阅读更多

图 8-13 展开更多内容的默认效果

点击"阅读更多"按钮后，地址栏中的地址变成 https://demo.cssworld.cn/selector/8/3-1.php#articleMore，也就是 URL 哈希锚点变成了 #articleMore，这时就会匹配选择器为 #articleMore 元素设置的:target 伪类样式，于是，一些元素的显示状态和隐藏状态就发生了变化，布局效果如图 8-14 所示。

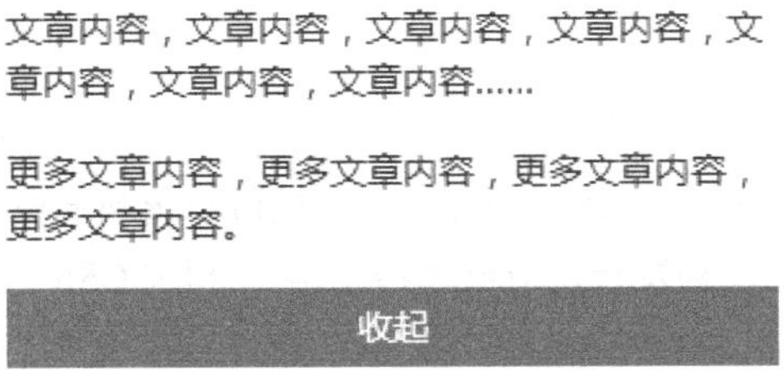

文章内容，文章内容，文章内容，文章内容，文章内容，文章内容，文章内容……

更多文章内容，更多文章内容，更多文章内容，更多文章内容。

收起

图 8-14 展开更多内容后的显示效果

读者可以手动输入 https://demo.cssworld.cn/selector/8/3-1.php 或扫描下面的二维码亲自体验与学习。

整个交互效果实现了没有任何 JavaScript 代码的参与，也没有任何浏览器的跳动行为发生。这种实现方法与第 9 章要介绍的"单复选框元素显隐技术"相比有一个巨大的好处，那就是我们可以借助 URL 地址记住当前页面的交互状态。

例如，本例中，当展开更多内容后，我们再刷新页面，内容依然保持展开状态。

移动端开发经常会有一些交互浮层，它们通过 `:target` 显隐技术实现，我们无须借助 `localStorage`（本地存储）就能记住当前页面的浮层显示状态，成本低、效率高，可以在项目中试试，就算页面 JavaScript 运行故障，此交互功能也依旧运行良好。

类似的实用场景还有很多，例如常见的选项卡切换效果，借助 `:target` 伪类实现该效果时不仅不需要 JavaScript 介入，同时还能记住选项卡的切换面板，下面就介绍如何实现它。

2. 选项卡效果

HTML 如下：

```
<div class="cs-tab-x">
    <!-- 锚链元素 -->
    <i id="tabPanel2" class="cs-tab-anchor-2" hidden></i>
    <i id="tabPanel3" class="cs-tab-anchor-3" hidden></i>
    <!-- 以下 HTML 为标准选项卡 DOM 结构 -->
    <div class="cs-tab">
        <a href="#tabPanel1" class="cs-tab-li">选项卡 1</a>
        <a hrcf="#tabPanel2" class="cs-tab-li">选项卡 2</a>
        <a href="#tabPanel3" class="cs-tab-li">选项卡 3</a>
    </div>
    <div class="cs-panel">
        <div class="cs-panel-li">面板内容 1</div>
        <div class="cs-panel-li">面板内容 2</div>
        <div class="cs-panel-li">面板内容 3</div>
    </div>
</div>
```

锚点定位选项卡与普通选项卡的区别就在于，在选项卡元素的前面多了两个默认隐藏（通过 hidden 属性）的锚链元素，这几个元素的 id 属性值和选项卡按钮 `<a>` 元素的 href 属性值正好对应，以便点击按钮可以触发 `:target` 伪类匹配。相关 CSS 代码如下：

```
/* 默认选项卡按钮样式 */
.cs-tab-li {
    display: inline-block;
    background-color: #f0f0f0;
    color: #333;
    padding: 5px 10px;
```

```
}
/* 选中后的选项卡按钮样式 */
.cs-tab-anchor-2:not(:target) + :not(:target) ~ .cs-tab .cs-tab-li:first-child,
.cs-tab-anchor-2:target ~ .cs-tab .cs-tab-li:nth-of-type(2),
.cs-tab-anchor-3:target ~ .cs-tab .cs-tab-li:nth-of-type(3) {
    background-color: deepskyblue;
    color: #fff;
}
/* 默认选项面板样式 */
.cs-panel-li {
    display: none;
    padding: 20px;
    border: 1px solid #ccc;
}
/* 选中的选项面板显示 */
.cs-tab-anchor-2:not(:target) + :not(:target) ~ .cs-panel .cs-panel-li:first-child,
.cs-tab-anchor-2:target ~ .cs-panel .cs-panel-li:nth-of-type(2),
.cs-tab-anchor-3:target ~ .cs-panel .cs-panel-li:nth-of-type(3) {
    display: block;
}
```

例如，点击"选项卡 2"，浏览器地址栏的 URL 值是 https://demo.cssworld.cn/selector/8/3-2.php#tabPanel2，此时的选项卡效果如图 8-15 所示。

图 8-15　选中第二个选项卡的效果截图

此时，如果刷新页面，依然会保持第二个选项卡显示，这表明系统自动记住了用户之前的选择。

读者可以手动输入 https://demo.cssworld.cn/selector/8/3-2.php 或扫描下面的二维码亲自体验与学习。

由于是纯 CSS 实现，因此，只要是选项卡样式呈现，就能进行内容切换交互。而传统的 JavaScript 实现需要等 JavaScript 加载完毕且初始化完毕才能进行交互，这样就很容易遇到明明选项卡渲染出来了，点击按钮却没有任何反应的糟糕的体验。

:target 伪类交互技术其实出现很久了，只是一直没能普及，这是因为大家错误地把容器元素作为了锚链元素，因为这些元素不是 display:none，所以锚点匹配的时候浏览器会跳动，体验很不好。而我在这里把 display:none 元素作为锚链元素，利用兄弟选择器控制状态变化，就没有这种糟糕的体验。

于是，综合下来，用 :target 伪类实现交互是一种高性价比的方法，推荐在项目中尝试，尤其是在懒得写 JavaScript 的场景下。

3．双管齐下

:target 伪类交互技术也不是完美的，一是它对 DOM 结构有要求，锚链元素需要放在前面；二是它的布局效果并不稳定。接着上面的例子，由于 URL 地址中的锚点只有一个，因此，一旦页面其他什么地方有一个锚点链接，如 href 的属性值是 ###，用户一点击，原本选中的第二个选项卡就会莫名其妙地切换到第一个选项卡上去，因为锚点变化了。这可能并不是用户希望看到的。

因此，在实际开发中，如果对项目要求很高，推荐使用双管齐下的实践策略，具体如下。

（1）默认按照 :target 伪类交互技术实现，实现的时候与一个类名标志量关联。

（2）JavaScript 也正常实现选项卡交互，当 JavaScript 成功绑定后，移除类名标志量，交互由 JavaScript 接手。

这样，用户体验既保持了敏捷，也保持了健壮，这才是站在用户体验巅峰的实现，我都是这么实践的。

8.4 目标容器伪类 :`target-within`

缺什么来什么。:target 伪类交互技术的一个不足就是目前只能借助兄弟关系实现，对 DOM 结构有要求。但现在有了 :target-within 伪类，DOM 结构要从容多了。

:target-within 伪类可以匹配 :target 伪类匹配的元素，或者匹配存在后代元素（包括文本节点）匹配 :target 伪类的元素。

例如，假设浏览器的 URL 后面的锚点地址是 #cs-anchor，HTML 如下：

```
<ul>
    <li id="cs-first">第 1 行，id 是 cs-first</li>
    <li id="cs-anchor">第 2 行，id 是 cs-anchor</li>
    <li id="cs-last">第 3 行，id 是 cs-last</li>
    <li id="cs-anchor">第 4 行，id 同样是 cs-last</li>
</ul>
```

则 :target 匹配的是 li#cs-anchor 元素，而 :target-within 不仅可以匹配 li#cs-anchor 元素，还可以匹配父元素 ul，因为 ul 的后代元素 li#cs-anchor 匹配 :target 伪类。

:target-within 伪类的含义与 :focus-within 伪类的类似，只是一个是 :target 伪类的祖先匹配，一个是 :focus 伪类的祖先匹配。然而，这两个选择器的浏览器支持情况却大相径庭，:focus-within 伪类目前已经可以在实际项目中使用，而 :target-within 伪类却还没有浏览器支持。根据我的判断，:target 匹配原本就是 DOM 完全加载完毕后才触发，因此，技术支持与现有渲染机制并不冲突，理论上是可行的，因此，以后还是很有可能会支持。

因为目前尚未有浏览器支持这一伪类，所以这里不展开介绍。

第 9 章

输入伪类

本章将介绍与表单控件元素（如<input>、<select>和<textarea>）相关的伪类，这些伪类中很多都非常实用，掌握这些伪类是前端人员的必备技能。

9.1 输入控件状态

本节介绍的所有伪类都可以在实际项目中使用，都是很实用的。

9.1.1 可用状态与禁用状态伪类:enabled 和:disabled

:enabled 伪类和:disabled 伪类从 IE9 浏览器就已经开始支持，可以放心使用。

由于在实际项目中:disabled 伪类用得较多，因此我们先从:disabled 伪类说起。

1. 先从:disabled 伪类说起

先来看看:disabled 伪类的基本用法。最简单的用法是实现禁用状态的输入框，HTML 如下：

```
<input disabled>
```

此时，我们就可以使用:disabled 伪类设置输入框的样式。例如，背景置灰：

```
:disabled {
    border: 1px solid lightgray;
    background: #f0f0f3;
}
```

效果如图 9-1 所示。

图 9-1   输入框处于禁用状态时背景置灰（使用 :disabled 伪类实现）

实际上，直接使用属性选择器也能设置禁用状态的输入框的样式。例如：

```
[disabled] {
    border: 1px solid lightgray;
    background: #f0f0f3;
}
```

效果是一样的，如图 9-2 所示。

图 9-2   输入框处于禁用状态时背景置灰（使用属性选择器实现）

后一种方法兼容性更好，IE8 浏览器也支持。这就很奇怪了，为何还要"多此一举"，设计一个新的 :disabled 伪类呢？

这个问题的解答可参见 9.2.1 节，与 :checked 伪类的设计原因有很多相似之处。

2．:enabled 和 :disabled 若干细节知识

我们需要先搞明白 :enabled 伪类与 :disabled 伪类是否完全对立。

对于常见的表单元素，:enabled 伪类与 :disabled 伪类确实是完全对立的，也就是说，如果这两个伪类样式同时设置，总会有一个伪类样式匹配。下面以输入框元素为例，CSS 和 HTML 如下：

```
:disabled {
    border: 1px solid lightgray;
    background: #f0f0f3;
}
:enabled {
    border: 1px solid deepskyblue;
    background: lightskyblue;
}
<input disabled value="禁用">
<input readonly value="只读">
<input value="普通">
```

readonly（只读）状态也认为是 :enabled，最终效果如图 9-3 所示。

图 9-3   :enabled 与 :disabled 样式必定渲染其一

但是有一个例外，那就是 <a> 元素，在 Chrome 浏览器下，带有 href 属性的 <a> 元素可以匹配 :enabled 伪类。例如：

```
<a href>链接</a>
```

在 Chrome 浏览器下的效果如图 9-4 所示，深天蓝边框，浅天蓝背景。

链接

图 9-4　Chrome 浏览器下\<a\>元素匹配:enabled 伪类

但是它却无法匹配:disabled 伪类。下面 3 种写法都是无效的：

```
<!-- 全部无法匹配:disabled 伪类 -->
<ul>
    <li><a>无链接</a></li>
    <li><a disabled>无链接有 disabled</a></li>
    <li><a href disabled>有链接同时 disabled</a></li>
</ul>
```

在 Chrome 浏览器下没有一个\<a\>元素匹配:disabled 伪类（没有\<a\>元素会出现灰边框和灰背景），如图 9-5 所示。

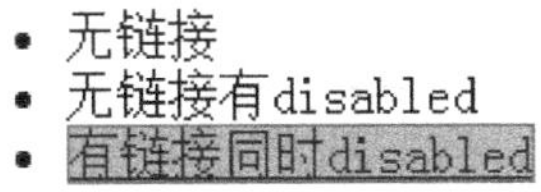

- 无链接
- 无链接有disabled
- 有链接同时disabled

图 9-5　Chrome 浏览器下\<a\>元素不匹配:disabled 伪类

在 Chrome 浏览器下，\<a\>元素的这种非对立特性实际上是不符合规范的，Firefox 和 IE 浏览器忽略\<a\>的:enabled 伪类。但是，因为现在大部分用户浏览器都是 Chrome，所以实际开发的时候一定要注意尽量避免使用裸露的:enabled 伪类，因为这样会影响链接元素的样式。

其他细节

对于\<select\>下拉框元素，无论是\<select\>元素自身，还是后代\<option\>元素，都能匹配:enabled 伪类和:disabled 伪类，所有浏览器都匹配。

在 IE 浏览器下\<fieldset\>元素并不支持:enabled 伪类与:disabled 伪类，这是有问题的，但其他浏览器没有这个问题。因此，如果使用\<fieldset\>元素一次性禁用所有表单元素，就不能通过:disabled 伪类识别（如果要兼容 IE），可以使用 fieldset[disabled] 选择器进行匹配。

设置 contenteditable="true"的元素虽然也有输入特征，但是并不能匹配:enabled 伪类，所有浏览器都不匹配。同样，设置 tabindex 属性的元素也不能匹配:enabled 伪类。

元素设置 visibility:hidden 或者 display:none 依然能够匹配:enabled 伪类和:disabled 伪类。

3. :enabled 伪类和:disabled 伪类的实际应用

:enabled 伪类在 CSS 开发中是一个有点儿鸡肋的伪类，因为表单元素默认就是 enabled 状态的，不需要额外的:enabled 伪类匹配。例如，可以像下面这样做：

```
.cs-input {
  border: 1px solid lightgray;
  background: white;
}
.cs-input:disabled {
  background: #f0f0f3;
}
```

而无须多此一举再写上 :enabled 伪类:

```
/* :enabled 多余 */
.cs-input:enabled {
  border: 1px solid lightgray;
  background: white;
}
.cs-input:disabled {
  background: #f0f0f3;
}
```

但是 :enabled 伪类在 JavaScript 开发中却不鸡肋,例如,使用 querySelectorAll 这个 API 匹配可用元素的时候就很方便。另外,我们可以借助 :enabled 伪类敏捷区分 IE8 和 IE9 浏览器。例如:

```
/* IE8+ */
.cs-exmaple {}
/* IE9+ */
.any-class:enabled, .cs-exmaple {}
```

由于 IE8 浏览器不认识 :enabled 伪类,因此整行语句失效,浏览器版本自然就区分开了。与经典的 :root 伪类 hack 方法相比,这种方法的优点是不会增加 .cs-exmaple 选择器的优先级:

```
/* IE8+ */
.cs-exmaple {}
/* IE9+,会增加选择器优先级,不推荐 */
:root .cs-exmaple {}
```

　　然后,:enabled 伪类在 JavaScript 中的作用要比在 CSS 中大。例如,我们可以使用 document.querySelectorAll('form :enabled') 查询所有可用表单元素,以实现自定义的表单序列化方法。

　　至于 :disabled 伪类,最常用的应该就是按钮了。

　　只要你的网页项目不需要兼容很旧的 IE 浏览器,就可以使用原生的 <button> 按钮实现,这样做的优点非常多。以按钮禁用为例,点击按钮发送 Ajax 请求是一个异步过程,为了防止重复点击请求,通常的做法是设置标志量。实际上,如果按钮是原生的按钮(无论是 <button> 按钮还是 <input> 按钮),此时,只要设置按钮 disabled = true,点击事件自然就会失效,无须用额外的 JavaScript 代码进行判断,同时语义更好,还可以使用 :disabled 伪类精确控制样式。例如:

```
<button id="csButton" class="cs-button">删除</button>
/* 按钮处于禁用状态时的样式 */
.cs-button:disabled {}
```

```
csButton.addEventListener('click', function () {
    this.disabled = true;
    // 执行 ajax
    // ajax 完成后设置按钮 disabled 为 false
});
```

充分利用浏览器内置行为会使代码更简洁，功能更健壮，语义更好，因此没有不使用它的理由！

由于历史遗留原因，网页中的按钮多使用<a>元素。对于禁用状态，很多人会用 pointer-events:none 来控制，虽然点击它确实无效，但是键盘 Tab 依然可以访问它，按回车键也依然可以触发点击事件，用这种方法实现的其实是一个伪禁用。同时，设置了 pointer- events:none 的元素无法显示 title 提示，可用性反而下降。因此，请与时俱进，尽量使用原生按钮实现交互效果。

:disabled 伪类除了设置元素本身的禁用样式，还可以借助兄弟选择符同步设置自定义表单元素的样式。例如：

```
/* 自定义下拉框元素样式禁用 */
:disabled + .cs-custom-select {}
/* 自定义单选框样式禁用 */
:disabled + .cs-custom-radio {}
/* 自定义复选框样式禁用 */
:disabled + .cs-custom-checkbox {}
```

9.1.2 读写特性伪类:`read-only`和:`read-write`

这两个伪类很好理解，它们用于匹配输入框元素是否只读，还是可读可写。

这两个伪类中间都有短横线，由于"只读"的 HTML 属性是 readonly，中间没有短横线，因此很多人会记混。所以有短横线这一点大家可以注意一下。

另外，这两个伪类只作用于<input>和<textarea>这两个元素[①]。

现在，我们通过一个简单的例子，快速了解一下这两个伪类：

```
<textarea>默认</textarea>
<textarea readonly>只读</textarea>
<textarea disabled>禁用</textarea>
```

CSS 代码为：

```
textarea {
    border: 1px dashed gray;
    background: white;
}
/* Firefox 还需要加-moz-私有前缀 */
textarea:read-write {
    border: 1px solid black;
    background: gray;
}
textarea:read-only {
```

---

① :read-write 伪类在 Firefox 浏览器下可以作用于 contentediabled="true"的元素，由于非标准，且无实用价值，故不对其进行介绍。

```
    border: 1px solid gray;
    background: lightgray;
}
```

结果如图 9-6 所示，出现这样的现象可能会出乎你意料，明明不能输入任何信息的 `disabled` 状态居然匹配了 `:read-write` 伪类：

图 9-6　禁用状态也匹配 `:read-write` 伪类

站在实用主义的角度，`:read-write` 出场机会很有限，因为输入框的默认状态就是 `:read-write`，我们很少会额外设置 `:read-write` 伪类给自己添堵，只会使用 `:read-only` 对处于 `readonly` 状态的输入框进行样式重置。

不过，因为 IE 浏览器并不支持这两个伪类，所以这两个伪类只能在移动端和内部项目、实验项目中使用。

另外，如果你的项目需要兼容 Firefox 浏览器，我也建议不要使用 `:read-only` 伪类，因为截至 2019 年 8 月 Firefox 浏览器还需要添加 `-moz-` 私有前缀。由于其他浏览器都并不认识 `-moz-` 私有前缀，Firefox 浏览器又不认识 `:read-only`，因此会导致整行选择器在所有浏览器下都失效：

```
/* 没有任何浏览器可以匹配 */
textarea:read-only,
textarea:-moz-read-only {
    border: 1px solid gray;
    background: lightgray;
}
```

选择器只能分开书写：

```
textarea:read-only {
    border: 1px solid gray;
    background: lightgray;
}
textarea:-moz-read-only {
    border: 1px solid gray;
    background: lightgray;
}
```

很显然，这样书写代码就很啰嗦。

因此，遇到这种需要兼容 Firefox 浏览器的场景，建议使用属性选择器代替：

```
textarea[readonly] {
    border: 1px solid gray;
    background: lightgray;
}
```

readonly 和 disabled 的区别

设置 readonly 的输入框不能输入内容，但它可以被表单提交；设置 disabled 的输入框不能输入内容，也不能被表单提交。readonly 输入框和普通输入框的样式类似，但是浏览器会将设置了 disabled 的输入框中的文字置灰来加以区分。

9.1.3　占位符显示伪类:placeholder-shown

:placeholder-shown 伪类的匹配和 placeholder 属性密切相关，顾名思义就是"占位符显示伪类"，表示当输入框的 placeholder 内容显示的时候，匹配该输入框。

例如：

```
<input placeholder="输入任意内容">
input {
   border: 2px solid gray;
}
input:placeholder-shown {
   border: 2px solid black;
}
```

默认状态下，输入框的值为空，placeholder 属性对应的占位符内容显示，此时匹配:placeholder-shown 伪类，边框颜色表现为黑色；当我们输入任意的文字，如"CSS 世界"，由于占位符内容不显示，因此无法匹配:placeholder-shown 伪类，边框颜色表现为灰色，如图 9-7 所示。

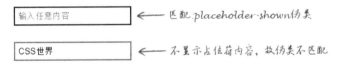

图 9-7　:placeholder-shown 伪类基本作用示意

:placeholder-shown 伪类的浏览器兼容性非常好，除 IE 浏览器不支持之外，在其他场景下都能放心使用，目前最经典的应用就是纯 CSS 实现 Material Design 风格占位符交互效果。

1. 实现 Material Design 风格占位符交互效果

这种交互风格如图 9-8 所示（官方效果截图），输入框处于聚焦状态时，输入框的占位符内容以动画形式移动到左上角作为标题存在。

现在这种设计在移动端很常见，因为宽度较稀缺。相信不少人在实际项目中实现过这种交互，而且，我敢肯定一定是借助 JavaScript 实现的。

实际上，我们可以借助 CSS :placeholder-shown 伪类（纯 CSS，无任何 JavaScript）实现这样的占位符交互效果。例如，图 9-9 展示的就是我实现的真实效果截图。

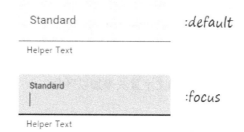

图 9-8　Material Design 风格占位符交互示意

图 9-9　Material Design 风格占位符交互实现截图

以第一个"填充风格"的输入框为例,它的 HTML 结构如下:

```
<div class="input-fill-x">
    <input class="input-fill" placeholder="邮箱">
    <label class="input-label">邮箱</label>
</div>
```

首先,让浏览器默认的 placeholder 效果不可见,只需将 color 设置为 transparent 即可,CSS 如下:

```
/* 默认 placeholder 颜色透明不可见 */
.input-fill:placeholder-shown::placeholder {
    color: transparent;
}
```

然后,用下面的 .input-label 元素代替浏览器原生的占位符成为我们肉眼看到的占位符。我们可以采用绝对定位:

```
.input-fill-x {
    position: relative;
}
```

```
.input-label {
    position: absolute;
    left: 16px; top: 14px;
    pointer-events: none;
}
```

最后，在输入框聚焦以及占位符不显示的时候对 `<label>` 元素进行重定位（缩小并位移到上方）：

```
.input-fill:not(:placeholder-shown) ~ .input-label,
.input-fill:focus ~ .input-label {
    transform: scale(0.75) translate(0, -32px);
}
```

效果达成！很显然，这要比使用 JavaScript 写各种事件和判断各种场景简单多了！

眼见为实，读者可以手动输入 https://demo.cssworld.cn/selector/9/1-1.php 或扫描下面的二维码亲自体验与学习。

2. :placeholder-shown 与空值判断

由于 placeholder 内容只在空值状态的时候才显示，因此我们可以借助 :placeholder-shown 伪类来判断一个输入框中是否有值。

例如：

```
textarea:placeholder-shown + small::before,
input:placeholder-shown + small::before {
    content: '尚未输入内容';
    color: red;
    font-size: 87.5%;
}
<input placeholder=" "> <small></small>
<textarea placeholder=" "></textarea> <small></small>
```

可以看到输入框中没有输入内容的时候出现了空值提示信息，如图 9-10 所示。

图 9-10　空值提示截图示意

当我们在输入框内输入值，则可以看到提示信息消失了，如图 9-11 所示。

图 9-11 输入文本后空值提示消失截图示意

于是，我们就可以不使用 JavaScript 实现用户必填内容的验证提示交互。

9.1.4 默认选项伪类:default

CSS :default 伪类选择器只能作用在表单元素上，表示处于默认状态的表单元素。

举个例子，一个下拉框可能有多个选项，我们会默认让某个<option>处于 selected 状态，此时这个<option>可以看成是处于默认状态的表单元素（如下面示意代码中的"选项 4"），理论上可以匹配:default 伪类选择器。

```
<select multiple>
    <option>选项 1</option>
    <option>选项 2</option>
    <option>选项 3</option>
    <option selected>选项 4</option>
    <option>选项 5</option>
    <option>选项 6</option>
</select>
```

假设 CSS 如下：

```
option:default {
    color: red;
}
```

则在 Chrome 浏览器下，当我们选择其他选项，此时就可以看到"选项 4"是红色的，效果如图 9-12 所示。Firefox 浏览器下的效果类似，如图 9-13 所示。

图 9-12 Chrome 浏览器下默认"选项 4"是红色的　　图 9-13 Firefox 下默认"选项 4"是红色的

IE 浏览器不支持:default 伪类。

移动端可以放心使用:default 伪类，不考虑用 IE 浏览器的桌面端的项目也可以用。

1. :default 伪类的作用与细节

CSS :default 伪类设计的作用是让用户在选择一组数据时，依然知道默认选项是什么，否则一旦其他选项增多，就不知道默认选项是哪一个，算是一种体验增强策略。虽然它的作用不是特别强大，但是关键时刻它却很有用。

下面介绍 :default 伪类的一些细节知识。

JavaScript 的快速修改不会影响 :default 伪类。

测试代码如下：

```
:default {
  transform: scale(1.5);
}
<input type="radio" name="city" value="0">
<input type="radio" name="city" value="1" checked>
<input type="radio" name="city" value="2">
<script>
document.querySelectorAll('[type="radio"]')[2].checked = true;
</script>
```

也就是说，HTML 是将第二个单选框放大 1.5 倍，然后瞬间将第三个单选框设置为选中，结果发现即使切换速度特别快，哪怕是几乎无延迟的 JavaScript 修改，:default 伪类选择器的渲染依然不受影响。实际渲染如图 9-14 所示。

图 9-14 单选按钮选中和放大效果截图

如果 `<option>` 没有设置 selected 属性，浏览器会默认呈现第一个 `<option>`，此时第一个 `<option>` 不会匹配 :default 伪类。例如：

```
option:default {
    color: red;
}
<select name="city">
    <option value="-1">请选择</option>
    <option value="1">北京</option>
    <option value="2">上海</option>
    <option value="3">深圳</option>
    <option value="4">广州</option>
    <option value="5">厦门</option>
</select>
```

结果第一个 `<option>` 没有变成红色，如图 9-15 所示，因此，要想匹配 :default 伪类，selected 必须为 true。同样，对于单复选框，checked 属性值也必须为 true。

图 9-15 "请选择" 没有变红

2．:default 伪类的实际应用

虽然说:default 伪类是用来标记默认状态，以避免选择混淆的，但实际上在我看来，它更有实用价值的应用应该是"推荐标记"。

例如，某产品有多个支付选项，其中商家推荐使用微信支付，如图 9-16 所示。

请选择支付方式：

○ 支付宝

◉ 微信（推荐）

○ 银行卡

图 9-16 "推荐"字样显示截图

以前的做法是默认选中微信支付选项，并在后面加上"（推荐）"。这样实现有一个缺点：如果以后要改变推荐的支付方式，需要修改单选框的 checked 属性和"（推荐）"文案的位置。有了:default 伪类，可以让它变得更加简洁，也更容易维护。

使用如下所示的 CSS 和 HTML 代码就可以实现图 9-16 所示的效果：

```
input:default + label::after {
    content: '（推荐）';
}
<p><input type="radio" name="pay" id="pay0"> <label for="pay0">支付宝</label></p>
<p><input type="radio" name="pay" id="pay1" checked> <label for="pay1">微信</label></p>
<p><input type="radio" name="pay" id="pay2"> <label for="pay2">银行卡</label></p>
```

由于:default 伪类的匹配不受之后 checked 属性值变化的影响，因此"（推荐）"会一直跟在"微信"的后面，功能不会发生变化。这样做之后维护更方便了，例如，如果以后想将推荐支付方式更换为"支付宝"，则直接设置"支付宝"对应的<input>单选框为 checked 状态即可，"（推荐）"文案会自动跟过来，整个过程我们只需要修改一处。

读者可以手动输入 https://demo.cssworld.cn/selector/9/1-2.php 或扫描下面的二维码亲自体验与学习。

9.2 输入值状态

这里要介绍的两个伪类是与单选框和复选框这两类表单元素密切相关的，HTML 示意如下：

```
<!-- 单选框 -->
<input type="radio">
<!-- 复选框 -->
<input type="checkbox">
```

9.2.1 选中选项伪类:`checked`

本节即将介绍的:`checked` 伪类交互技术可以说是整个 CSS 伪类交互技术中最实用、满意度最高的技术，可能有一些开发者对此技术已经有所了解，耐下心来，说不定会发现你没有注意到的一些知识点。

我们先通过一个简单的例子，快速了解一下这个伪类:

```
input:checked {
    box-shadow: 0 0 0 2px red;
}
<input type="checkbox">
<input type="checkbox" checked>
```

结果如图 9-17 所示，处于选中状态的复选框外多了 2 个像素的红色线框。

图 9-17　处于选中状态的复选框匹配了:`checked` 伪类

实际上，这里直接使用属性选择器也能得到一样的效果。

```
input[checked] {
    box-shadow: 0 0 0 2px red;
}
```

那么问题来了，:`checked` 伪类的意义是什么呢？这个问题的答案和下面这两个问题的答案类似，我将统一解答。

- 既然 `[disabled]` 也能匹配，那么:`disabled` 伪类的意义是什么？
- 既然 `[readonly]` 也能匹配，那么:`read-only` 伪类的意义是什么？

1. 为何不直接使用 **[checked]** 属性选择器

不直接使用 `[checked]` 属性选择器有两个重要原因。

（1）:`checked` 只能匹配标准表单控件元素，不能匹配其他普通元素，即使这个普通元素设置了 `checked` 属性。但是 `[checked]` 属性选择器却可以与任意元素匹配。例如:

```
:checked { backgroud: skyblue; }
[checked] { border: 2px solid deepskyblue; }
<canvas width="120" height="80" checked></canvas>
```

结果如图 9-18 所示，边框有颜色，但背景却没有颜色，这是因为:`checked` 伪类为表单元素专属。

图 9-18 :checked 伪类无法匹配<canvas>元素，[checked]属性选择器可以匹配

（2）[checked]属性的变化并非实时的。这是不建议使用[checked]属性选择器控制单复选框选中状态样式最重要的原因。例如，已知

```
<input type="checkbox">
```

此时我们使用 JavaScript 设置该复选框的 checked 状态为 true：

```
document.querySelector('[type="checkbox"]').checked = true;
```

结果虽然视觉上复选框表现为选中状态，但是实际上 HTML 代码中并没有 checked 属性值，如图 9-19 所示。

图 9-19 复选框表现为选中状态但并无 checked 属性

这就意味着，使用[checked]属性选择器控制单复选框的样式会出现匹配不准确的情况，而:checked 伪类匹配就不存在这个问题。因此，不建议使用[checked]属性选择器。

根据我的测试，这种真实状态和属性值不匹配的场景主要在 checked 状态变化的时候出现，disabled 状态发生变化时浏览器会自动同步相关属性值。

（3）伪类可以正确匹配从祖先元素那里继承过来的状态，但是属性选择器却不可以。例如：

```
<fieldset disabled>
    <input>
    <textarea></textarea>
</fieldset>
```

如果<fieldset>元素设置 disabled 禁用，则内部所有的表单元素也会处于禁用状态，不管有没有设置 disabled 属性。此时，由于 input 元素没有设置 disabled 属性，因此 input[disabled]以及 textarea[disabled]选择器是不能正确匹配的，但是，:disabled 伪类选择器却可以正确匹配：

```
/* 可以正确匹配处于禁用态的<fieldset>子元素 */
input:disabled,
textarea:disabled {
    border: 1px solid lightgray;
    background: #f0f0f3;
}
```

2. 单复选框元素显隐技术

由于单选框和复选框的选中行为是由点击事件触发的，因此配合兄弟选择符，可以选择不使用 JavaScript 实现多种点击交互行为，如展开与收起、选项卡切换或者多级下拉列表等。

例如，要实现展开与收起效果的 HTML 如下：

```
文章内容，文章内容，文章内容，文章内容，文章内容，文章内容，文章内容……
<input type="checkbox" id="articleMore">
<label class="cs-button" for="articleMore" data-open="true">阅读更多</label>
<p class="cs-more-p">更多文章内容，更多文章内容，更多文章内容，更多文章内容。</p>
<label class="cs-button" for="articleMore" data-open="false">收起</label>
```

CSS 代码如下：

```
[type="checkbox"] {
    position: absolute;
    clip: rect(0 0 0 0);
}
/* 默认"更多文章内容"和"收起"按钮隐藏 */
.cs-more-p,
[data-open=false] {
    display: none;
}
/* 匹配后"阅读更多"按钮隐藏 */
:checked ~ [data-open=true] {
    display: none;
}
/* 匹配后"更多文章内容"和"收起"按钮显示 */
:checked ~ .cs-more-p,
:checked ~ [data-open=false] {
    display: block;
}
```

细心的你肯定会注意到这里实现的核心逻辑和 :target 伪类是一模一样的，差别在于这里使用了 <label> 元素和隐藏的复选框关联，而 :target 伪类技术则使用了 <a> 元素和隐藏的锚链元素关联。两者实现的效果也一样，默认效果如图 9-20 所示。

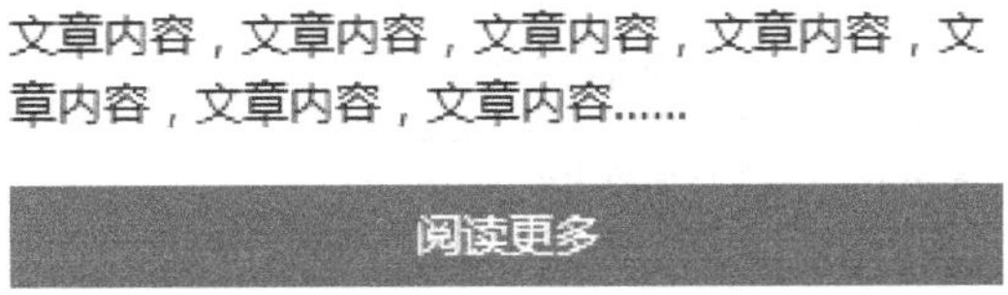

图 9-20　展开显示更多内容这种交互效果的默认状态

点击"阅读更多"按钮后，布局效果如图 9-21 所示。

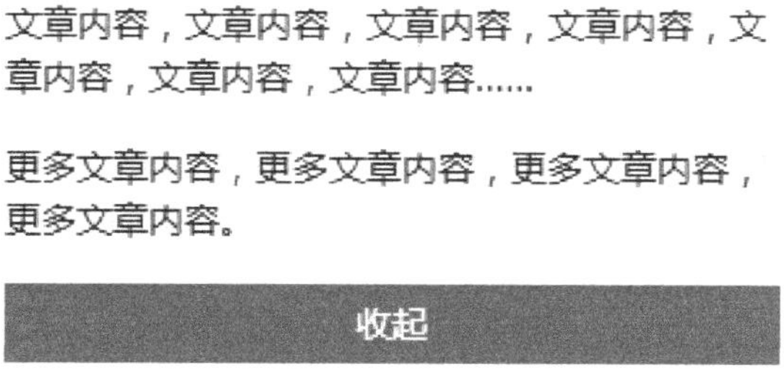

文章内容，文章内容，文章内容，文章内容，文
章内容，文章内容，文章内容……

更多文章内容，更多文章内容，更多文章内容，
更多文章内容。

收起

图 9-21 展开更多内容后的显示效果

读者可以手动输入 https://demo.cssworld.cn/selector/9/2-1.php 或扫描下面的二维码亲自体验
与学习。

同样，我们也可以仿照:target 伪类的套路实现:checked 伪类的选项卡效果。

选项卡效果本质上就是多选一，与[type="radio"]的本质是一致的，可以使用单选框
元素和:checked 伪类实现。

HTML 结构如下：

```
<div class="cs-tab-x">
    <!-- 单选框组 -->
    <input id="tabPanel1" type="radio" name="tab" checked hidden>
    <input id="tabPanel2" type="radio" name="tab" hidden>
    <input id="tabPanel3" type="radio" name="tab" hidden>
    <!-- 以下为标准选项卡 DOM 结构 -->
    <div class="cs-tab">
        <label class="cs-tab-li" for="tabPanel1">选项卡 1</label>
        <label class="cs-tab-li" for="tabPanel2">选项卡 2</label>
        <label class="cs-tab-li" for="tabPanel3">选项卡 3</label>
    </div>
    <div class="cs-panel">
        <div class="cs-panel-li">面板内容 1</div>
        <div class="cs-panel-li">面板内容 2</div>
        <div class="cs-panel-li">面板内容 3</div>
    </div>
</div>
```

:checked 伪类实现的选项卡效果和普通选项卡的区别就在于在选项卡元素的前面多了 3
个默认隐藏的（通过 hidden 属性）单选框元素，这几个元素的 id 属性值和选项卡按钮<label>
元素的 for 属性值正好对应，这样点击按钮就可以触发单选框元素的选中行为，从而实
现:checked 伪类匹配。相关 CSS 代码如下：

```
/* 默认选项卡按钮样式 */
.cs-tab-li {
    display: inline-block;
    background-color: #f0f0f0;
    color: #333;
    padding: 5px 10px;
}
/* 选中后的选项卡按钮样式 */
:first-child:checked ~ .cs-tab .cs-tab-li:first-child,
:checked + input + .cs-tab .cs-tab-li:nth-of-type(2),
:checked + .cs-tab .cs-tab-li:nth-of-type(3) {
    background-color: deepskyblue;
    color: #fff;
}
/* 默认选项面板样式 */
.cs-panel-li {
    display: none;
    padding: 20px;
    border: 1px solid #ccc;
}
/* 选中的选项面板显示 */
:first-child:checked ~ .cs-panel .cs-panel-li:first-child,
:nth-of-type(2):checked ~ .cs-panel .cs-panel-li:nth-of-type(2),
:nth-of-type(3):checked ~ .cs-panel .cs-panel-li:nth-of-type(3) {
    display: block;
}
```

例如，点击"选项卡 2"，将出现如图 9-22 所示的效果。

图 9-22　选中"选项卡 2"的效果截图

读者可以手动输入 https://demo.cssworld.cn/selector/9/2-2.php 或扫描下面的二维码亲自体验与学习。

在实际开发中，我们可以让 HTML 结构变得足够扁平，这可以大大减少 CSS 代码量。这里的例子是直接按照最难模式实现的。

立足于实际开发

上面这两个简单的例子都使用了<label>元素，只要<label>元素的 for 属性值和单复选框的 id 一致，点击<label>元素就等同于点击单复选框，从而实现我们想要的效果。

但实际上<label>元素并不是单复选框元素显隐技术实现的必选项，使用<label>元素的最大优点是可以将单选复选元素放置在页面的任意位置，实现更加灵活，但在有些场合下这些并不是最佳的实现方式。

下面是我的一些经验之谈，很重要。

虽然用单复选框技术可以实现展开收起效果、选项卡效果，甚至树形结构效果，但是，不要在实际项目中这么做，因为这并不是最佳的实现方式。展开和收起效果（树形结构的本质也是展开和收起）的最佳实现方式是使用<details>和<summary>元素技术，其次是 JavaScript，再接下来才是单复选框显隐技术。对于展开和收起效果，单复选框显隐技术只能算不符合语义的奇技淫巧。

再说选项卡效果。用单复选框显隐技术实现选项卡效果也是不可取的，因为它的语义很糟糕，维护也是一个问题，且没有记忆功能。最好的实现方式是先使用:target 伪类实现选项卡切换效果，这是一种纯 CSS 实现方法，然后再使用 JavaScript 方法实现选项卡切换效果，同时让 CSS 切换选项卡的效果失效，使 CSS 切换效果失效的方法很简单，点击选项卡对应的<a>元素按钮时阻止<a>元素默认的跳转行为即可。此时，就算用户禁用了 JavaScript，或者 JavaScript 加载缓慢，又或者 JavaScript 运行错误中止了，也不会影响选项卡正常的切换功能，因为有纯 CSS 实现的选项卡技术兜底。

那什么场景才适合单复选框显隐技术呢？其实非常非常多，如自定义单复选框、开关效果、图片或者列表的选择等。这些场景有一个共同特点，那就是点击的交互元素就是我们需要选择的对象。从技术角度来讲，就是可以不借助<label>元素，直接将单复选框元素透明度 opacity:0 覆盖在选择元素上也能实现交互功能的场景。

单复选框元素技术通常有 3 种实现策略：一种是<label>元素关联，一种是将单复选框元素覆盖在目标元素上，还有一种是同时使用这两种方式。但从功能上讲，采用第一种方式来实现就够了，但如果还要考虑无障碍访问，尤其移动端（屏幕阅读软件基于触摸识别），如果 DOM 结构合适，建议使用覆盖实现。

接下来，我将展示若干与单复选框技术有关的最佳实践案例。

（1）自定义单复选框

浏览器原生的单复选框常常和设计风格不搭，需要自定义，最好的实现方法就是借助原生单复选框再配合其他伪类，HTML 结构如下：

```
<-- 原生单选框，写在前面 -->
<input type="radio" id="radio">
<-- label 元素模拟单选框 -->
<label for="radio" class="cs-radio"></label>
<-- 单选文案 -->
<label for="radio">单选项</label>
```

下面是 CSS 部分:

```
/*设置单选框透明度为 0 并覆盖其他元素*/
[type="radio"] {
   position: absolute;
   width: 20px; height: 20px;
   opacity: 0;
   cursor: pointer;
}
/* 自定义单选框样式 */
.cs-radio {}
/* 选中状态下的单选框样式 */
:checked + .cs-radio {}
/* 聚焦状态下的单选框样式 */
:focus + .cs-radio {}
/* 禁用状态下的单选框样式 */
:disabled + .cs-radio {}
```

自定义单选框很简单,使用 CSS border-radius 画个圆就可以了。图 9-23 展示的就是最终实现的单选框的不同状态效果。

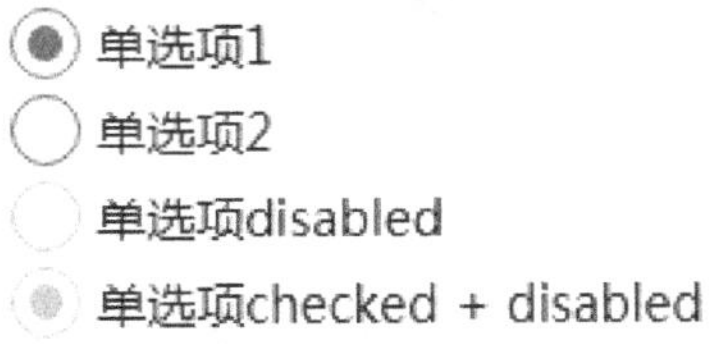

图 9-23　最终实现的单选框的不同状态效果

复选框的实现与单选框类似,其 HTML 结构如下:

```
<-- 复选框,写在前面 -->
<input type="checkbox" id="checkbox">
<-- label 元素模拟复选框 -->
<label for="checkbox" class="cs-radio"></label>
<-- 复选文案 -->
<label for="checkbox">复选项</label>
```

下面是 CSS 部分:

```
/* 设置复选框透明度为 0 并覆盖其他元素 */
[type="checkbox"] {
   position: absolute;
   width: 20px; height: 20px;
   opacity: 0;
   cursor: pointer;
}
/* 自定义单选框样式 */
.cs-checkbox {}
/* 选中状态下的单选框样式 */
:checked + .cs-checkbox {}
/* 聚焦状态下的单选框样式 */
:focus + .cs-checkbox {}
```

```
/* 禁用状态下的单选框样式 */
:disabled + .cs-checkbox {}
```

其中，选中状态打钩的图形可以使用相邻两侧边框外加 45° 旋转实现，图 9-24 展示的就是最终实现的复选框的状态效果截图。

图 9-24　最终实现的复选框的不同状态效果截图

读者可以手动输入 https://demo.cssworld.cn/selector/9/2-3.php 或扫描下面的二维码亲自体验与学习。

（2）开关效果

图 9-25 是一个常见的开关效果，其本质上就是一个复选框，分为"打开"和"关闭"两个状态。

图 9-25　开关按钮的各个状态效果

开关效果的实现原理和自定义复选框类似，其 HTML 代码如下：

```
<-- 复选框，写在前面 -->
<input type="checkbox" id="switch">
<-- label 元素模拟开关状态 -->
<label class="cs-switch" for="switch"></label>
```

CSS 如下（图形绘制细节略）：

```
[type="checkbox"] {
  width: 44px; height: 26px;
  position: absolute;
  opacity: 0; margin: 0;
  cursor: pointer;
```

```
}
/* 开关样式 */
.cs-switch {}
/* 按下状态 */
:active:not(:disabled) + .cs-switch {}
/* 选中状态 */
:checked + .cs-switch {}
/* 键盘聚焦状态 */
:focus-visible + .cs-switch {}
/* 禁用状态 */
:disabled + .cs-switch {}
```

读者可以手动输入 https://demo.cssworld.cn/selector/9/2-4.php 或扫描下面的二维码亲自体验与学习。

仔细观察上面展示的自定义单复选框效果和开关按钮效果的原生单复选框相关的 CSS 源码，会发现采用的是设置单复选框的透明度为 0 并覆盖其他元素的方法实现的。但这样的实现方法有一个不足，即不同模拟元素的尺寸是不一样的，所以这种覆盖方法的 CSS 代码无法在全局一次性设置，并非完美，除非外面包裹一层容器，百分之百覆盖，但这样增加了 DOM 复杂度。

所以，我的实际开发建议有以下几条。

- 如果你开发的是移动端项目，设置透明度为 0 并覆盖其他元素的方法是上上之选，那就委屈点 HTML，让元素单复选框和模拟元素一起包裹在一个祖先容器中。设置祖先容器 `position:relative`，这样就可以实现单选框复选框隐藏代码整站通用，CSS 如下：

```
[type="checkbox"],
[type="radio"] {
    position: absolute;
    left: 0; top: 0;
    width: 100%; height: 100%;
    opacity: 0; margin: 0;
}
```

- 如果你开发的是桌面端传统网页，用户群对外且广泛，则可以使用下面整站通用的隐藏方法：

```
[type="checkbox"],
[type="radio"] {
    position: absolute;
    clip: rect(0 0 0 0);
}
```

- 如果你开发的是中后台管理系统或者内部实验性质项目，这些项目不需要什么无障碍访问支持，则 CSS 都不需要，在写单复选框代码时直接加一个 hidden 属性隐藏就可以了，例如对于开关按钮效果，其 HTML 代码如下：

```
<-- 复选框, hidden 隐藏 -->
<input type="checkbox" id="switch" hidden>
<-- label 元素模拟开关状态 -->
<label class="cs-switch" for="switch"></label>
```

:focus 状态样式也可以省掉。

所以，大家可以根据自己的实际项目场景，选择最合适的实现方法。

（3）标签/列表/素材的选择

选择标签/列表/素材这类交互比较隐蔽，因为长相和单复选框的差异很大，很多开发者通常想不到使用单复选框匹配技术来实现。实际上，无论是单选还是多选，无论是选择标签还是选择图案，都可以借助 :checked 伪类纯 CSS 实现。

例如，一个常见的标签选择功能——新用户第一次使用某产品的时候会让用户选择自己感兴趣的话题，这本质上就是一些复选框，于是我们只需要将<label>作为标签元素，再通过 for 属性和隐藏的复选框产生关联就可以实现我们想要的交互效果了，HTML 如下：

```
<input type="checkbox" id="topic1">
<label for="topic1" class="cs-topic">科技</label>
<input type="checkbox" id="topic2">
<label for="topic2" class="cs-topic">体育</label>
...
```

CSS 实现原理如下：

```
/* 默认 */
.cs-topic {
    border: 1px solid silver;
}
/* 标签元素选中后 */
:checked + .cs-topic {
    border-color: deepskyblue;
    background-color: azure;
}
```

可以实现类似图 9-26 所示的效果。

图 9-26   标签元素默认状态和选中状态实现效果

这种基于[type="checkbox"]元素的实现除了实现简单外，还有另外一个好处就是，在我们想知道哪些元素被选中的时候，无须一个一个去遍历，直接利用<form>元素内置的或JavaScript框架内置的表单序列化方法进行提交就可以了。

不仅如此，配合 CSS 计数器，我们还可以不使用 JavaScript 而直接显示选中的标签元素的个数，代码示意如下：

```
<p>您已选择<span class="cs-topic-counter"></span>个话题。</p>
body {
    counter-reset: topicCounter;
}
:checked + .cs-topic {
    counter-increment: topicCounter;
}
.cs-topic-counter::before {
    content: counter(topicCounter);
}
```

效果如图 9-27 所示。

请选择你感兴趣的话题：

科技	体育	军事	娱乐
动漫	音乐	电影	生活

您已选择 3 个话题。

图 9-27　CSS 计数器显示选中标签元素个数

读者可以手动输入 https://demo.cssworld.cn/selector/9/2-5.php 或扫描下面的二维码亲自体验与学习。

接下来我们再看一个直接选择图像的例子，这类场景也很常见，如图像识别验证码的选择[①]或者图像素材的选择，它们的实现是类似的。

图 9-28 给出的是一个壁纸素材的选择效果，其本质上就是一个单选框选项，于是，我们可以借助[type="radio"]元素和:checked 伪类实现。

---

① 比较经典的图像识别验证码就是在一系列图片中选择包含公交车的图片。

请选择壁纸：

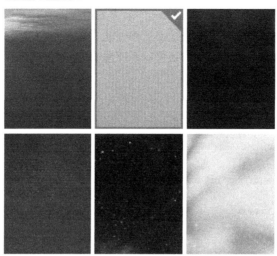

图 9-28 壁纸素材的选择效果

HTML 结构如下：

```
<input type="radio" id="wallpaper1" name="wallpaper" checked>
<label for="wallpaper1" class="cs-wallpaper">
   <img src="1.jpg" class="cs-wallpaper-img">
</label>
<input type="radio" id="wallpaper2" name="wallpaper">
<label for="wallpaper2" class="cs-wallpaper">
   <img src="2.jpg" class="cs-wallpaper-img">
</label>
...
```

CSS 实现原理如下：

```
/* 默认 */
.cs-wallpaper {
   display: inline-block;
   position: relative;
}
/* 选中后显示边框 */
:checked + .cs-wallpaper::before {
   content: "";
   position: absolute;
   left: 0; right: 0; top: 0; bottom: 0;
   border: 2px solid deepskyblue;
}
```

读者可以手动输入 https://demo.cssworld.cn/selector/9/2-5.php 或扫描下面的二维码亲自体验与学习。

9.2.2　不确定值伪类`:indeterminate`

复选框元素除了选中和没选中的状态外，还有半选状态，半选状态多用在包含全选功能的列表中。没有原生的 HTML 属性可以设置半选状态，半选状态只能通过 JavaScript 进行设置，这一点和全选不一样（全选有 `checked` 属性）。

```
// 设置 checkbox 元素为半选状态
checkbox.indeterminate = true;
```

`:indeterminate` 伪类顾名思义就是"不确定伪类"，由于平常只在复选框中有应用，因此很多人会误认为`:indeterminate` 伪类只可以匹配复选框，但实际上还可以匹配单选框和进度条元素`<progress>`。

下面我们一起看一下`:indeterminate` 伪类在这 3 类元素中的表现。

1. `:indeterminate` 伪类与复选框

不同浏览器下复选框的半选状态的样式是不一样的，Chrome 浏览器下是短横线，Firefox 浏览器下是蓝色渐变大方块，IE 浏览器下则是黑色小方块。由于使用 Chrome 浏览器的用户占比最大，因此如果大家想要借助原生复选框元素自定义复选框的半选状态，我个人推荐使用 Chrome 浏览器的短横线样式效果。

短横线的形状就是一个矩形小方块，它的实现很简单，CSS 示意如下：

```
:indeterminate + .cs-checkbox::before {
    content: "";
    display: block;
    width: 8px;
    border-bottom: 2px solid;
    margin: 7px auto 0;
}
```

眼见为实，读者可以手动输入 https://demo.cssworld.cn/selector/9/2-6.php 或扫描下面的二维码亲自体验与学习。

最终模拟的复选框半选状态的对比效果如图 9-29 所示。

1. 原生复选框

⊟	第1列	第2列
☑	数据1-1	数据1-2
☐	数据2-1	数据2-2
☑	数据3-1	数据3-2

2. 自定义复选框

⊟	第1列	第2列
☑	数据1-1	数据1-2
☐	数据2-1	数据2-2
☑	数据3-1	数据3-2

图 9-29　Chrome 浏览器下复选框原生半选和自定义半选效果对比

复选框元素的半选伪类:indeterminate 从 IE9 浏览器就开始支持了,因此可以放心使用。

2. :indeterminate 伪类与单选框

对于单选框元素,当所有 name 属性值一样的单选框都没有被选中的时候会匹配:indeterminate 伪类;如果单选框元素没有设置 name 属性值,则其自身没有被选中的时候也会匹配:indeterminate 伪类。

例如:

```
:indeterminate + label {
    background: skyblue;
}
<input type="radio" name="radio"><label>文案 1</label>
<input type="radio" name="radio"><label>文案 2</label>
<input type="radio" name="radio"><label>文案 3</label>
<input type="radio" name="radio"><label>文案 4</label>
```

此时总共有 4 个 name 属性值都是"radio"的单选框,默认没有一个被选中,此时这 4 个单选框都匹配:indeterminate 伪类,<label>元素的背景色表现为天蓝色,如图 9-30 所示。

图 9-30　全部单选框匹配:indeterminate 伪类

接下来,只要任意一个单选框被选中,所有单选框元素都会丢失对:indeterminate 伪类的匹配,文案后面的背景色消失,如图 9-31 所示。

○ 文案1
⦿ 文案2
○ 文案3
○ 文案4

图 9-31 全部单选框失去对:indeterminate 伪类的匹配

这个伪类可以用来提示用户尚未选择任何单选项，如果用户有选中单选项，则提示自动消失，示意代码如下：

```
:indeterminate ~ .cs-valid-tips::before {
    content: "您尚未选择任何选项";
    color: red;
    font-size: 87.5%;
}
```

为排除干扰，方便学习，这里只展现核心 HTML：

```
<input type="radio" id="radio1" name="radio">
<label for="radio1">单选项 1</label>
<input type="radio" id="radio2" name="radio">
<label for="radio2">单选项 2</label>
<input type="radio" id="radio3" name="radio">
<label for="radio3">单选项 3</label>
<-- 这里显示提示信息 -->
<p class="cs-valid-tips"></p>
```

用户尚未选中任何选项时候的样式如图 9-32 所示。选中选项后，红色的提示文案消失，如图 9-33 所示。

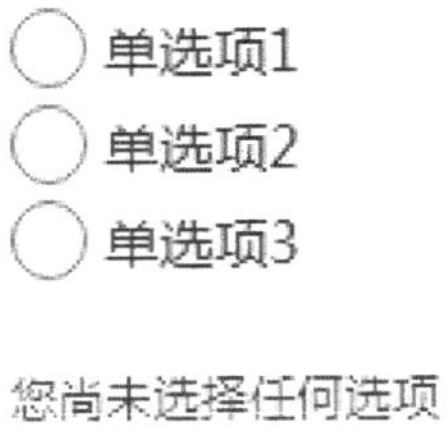

○ 单选项1
○ 单选项2
○ 单选项3

您尚未选择任何选项

○ 单选项1
⦿ 单选项2
○ 单选项3

图 9-32 未选中任何选项时出现提示文案 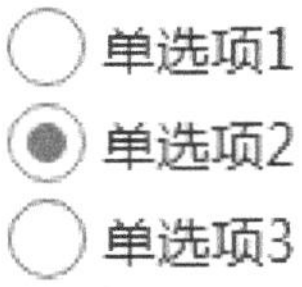　　图 9-33 选中选项后提示文案自动消失

读者可以手动输入 https://demo.cssworld.cn/selector/9/2-7.php 或扫描下面的二维码亲自体验与学习。

但单选框元素的:indeterminate 伪类匹配有一个缺陷，那就是 IE 浏览器（包括 Edge）

并不支持，使用时需要注意兼容性问题。

3. :indeterminate 伪类与 progress 元素

对于<progress>元素，当没有设置值的时候，它会匹配:indeterminate 伪类。例如：

```
progress:indeterminate {
  background-color: deepskyblue;
  box-shadow: 0 0 0 2px black;
}
```

结果，下面两段 HTML 的表现就出现了差异：

```
<progress min="1" max="100"></progress>
<progress min="1" max="100" value="50"></progress>
```

图 9-34 展示的是上述代码在 Firefox 浏览器下的表现。可以看到，没有设置 value 属性值的<progress>元素匹配了:indeterminate 伪类，而设置了 value 属性值的<progress>元素则没有匹配:indeterminate 伪类。

图 9-34 不确定状态与<progress>元素匹配示意

<progress>元素的:indeterminate 伪类匹配是从 IE10 浏览器开始支持的。

9.3 输入值验证

本节介绍的众多伪类是与表单元素的验证相关的，熟练掌握它们可以简化我们的开发，因为输入值的合法性验证判断直接交给了浏览器。

输入值验证这类伪类是随着 HTML5 表单新特性一起产生的，HTML5 表单新特性有很多，包括新增的 required 和 pattern 等验证相关属性，以及 min 和 max 等范围相关属性。

HTML5 表单新特性从 IE10 浏览器才开始支持，因此这些输入值验证伪类的兼容性都要在 IE10 及以上版本的浏览器中才受支持，目前只能应用于在兼容性要求不高的项目中。

9.3.1 有效性验证伪类:valid 和:invalid

先看一段 HTML：

```
验证码: <input required pattern="\w{4,6}">
```

　　这是一个验证码输入框，这个输入框必填，同时要求验证码为 4～6 个常规字符。现在有如下 CSS：

```
input:valid {
    background-color: green;
    color: #fff;
}
input:invalid {
    border: 2px solid red;
}
```

则默认状态下，由于输入框中没有值，这与 required 必填验证不符，将触发:invalid 伪类匹配，输入框表现为 2px 大小的红色边框，如图 9-35 所示。

　　如果我们在输入框中输入任意 4 个数字，匹配 pattern 属性值中的正则表达式，则会触发:valid 伪类匹配，输入框的背景色表现为绿色，如图 9-36 所示。

验证码：

图 9-35　:invalid 伪类匹配下的红色边框

验证码：9527

图 9-36　:valid 伪类匹配下的绿色背景

　　以上就是:valid 伪类和:invalid 伪类的作用，乍一看它们好像还挺实用的，但实际上这两个特性并没有想象中那么好用，因为:valid 伪类的匹配页面一加载就会被触发，这对用户而言其实是不友好的。举个例子，用户刚进入一个登录界面，还没进行任何操作，就显示大大的红色警告，你输入不合法，是会吓着用户的。

　　鉴于以上原因，现在新出了一个:user-invalid 伪类，它需要用户的交互才触发匹配，不过目前:user-invalid 伪类的规范还没有完全成熟，浏览器尚未支持，无法使用。但没关系，我们可以辅助 JavaScript 优化:invalid 伪类的验证体验。

　　请看下面这个可以实际开发应用的案例，其 HTML 如下：

```
<form id="csForm" novalidate>
    <p>
        验证码：<input class="cs-input" placeholder=" " required pattern="\w{4,6}">
        <span class="cs-valid-tips"></span>
    </p>
    <input type="submit" value="提交">
</form>
```

　　上述案例的实现逻辑为：默认不开启验证，当用户产生提交表单的行为后，通过给表单元素添加特定类名，触发浏览器内置验证开启，同时借助:placeholder-shown 伪类细化提示文案。

　　JavaScript 示意代码如下：

```
csForm.addEventListener('submit', function (event) {
    this.classList.add('valid');
    event.preventDefault();
});
```

CSS 如下：

```
.cs-input {
    border: 1px solid gray;
}
/* 验证不合法时边框为红色 */
.valid .cs-input:invalid {
    border-color: red;
}
/* 验证全部通过标记 */
.valid .cs-input:valid + .cs-valid-tips::before {
    content: "√";
    color: green;
}
/* 验证不合法提示 */
.valid .cs-input:invalid + .cs-valid-tips::before {
    content: "不符合要求";
    color: red;
}
/* 空值提示 */
.valid .cs-input:placeholder-shown + .cs-valid-tips::before {
    content: "尚未输入值";
}
```

于是可以看到图 9-37 所示的一系列状态变化。

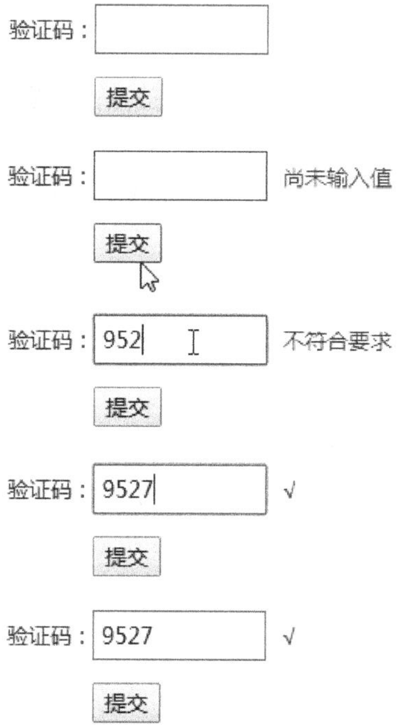

图 9-37 :invalid 伪类验证各种状态效果示意

这个验证过程和状态变化都没有 JavaScript 的参与，JavaScript 的唯一作用就是赋予一个开始验证的标志量类名。

读者可以手动输入 https://demo.cssworld.cn/selector/9/3-1.php 或扫描下面的二维码亲自体验与学习。

有人可能会产生疑问：如何才能知道所有表单元素都验证通过呢？可以使用<form>元素原生的 `checkValidity()` 方法，返回整个表单是否验证通过的布尔值。

```
csForm.addEventListener('submit', function (event) {
    this.classList.add('valid');
    // 判断表单全部验证通过
    if (this.checkValidity && this.checkValidity() == true) {
        console.log('表单验证通过');
        // 这里可以执行表单 ajax 提交了
    }
    event.preventDefault();
});
```

另外，如果希望表单元素的验证效果是即时的，而非表单提交后再验证，给<form>元素绑定'input'输入事件，并给对应的 `target` 对象设置启动 CSS 验证标志量即可。例如：

```
csForm.addEventListener('input', function (event) {
    event.target.classList.add('valid');
});
```

IE 浏览器有一个严重的渲染 bug，对于输入框元素，`:invalid` 等伪类只会实时匹配输入框元素自身，而输入框后面的兄弟元素样式不会重绘，于是我们会发现，明明输入的值已经合法了，输入框的红色边框也消失了，但是输入框后面的错误提示文字却一直存在，如图 9-38 所示。

图 9-38　IE 渲染 bug 示意

IE 浏览器下这类重绘 bug 屡见不鲜，但修复方法很简单，触发重绘即可。可以改变父元素的样式，或者设置无关紧要的类名，下面是我写的补丁，将它放在页面的任意位置即可：

```
// IE 触发重绘的补丁
if (typeof document.msHidden != 'undefined' || !history.pushState) {
    document.addEventListener('input', function (event) {
        if (event.target && /^input|textarea$/i.test(event.target.tagName)) {
            event.target.parentElement.className = event.target.parentElement.className;
        }
    });
}
```

图 9-39 展示的就是放置了修复补丁后的渲染效果，可以看到输入框的值合法时，输入框后面的提示信息同步变化了。

图 9-39　修复 IE 渲染 bug 后的效果示意

最后一个小知识点就是：invalid 伪类还可以直接匹配<form>元素。例如：

```
form::invalid {
    outline: 1px solid red;
}
```

但是 IE 浏览器并不支持<form>元素匹配:invalid 伪类。

另外，:valid 和:invalid 伪类还可以用来区分 IE10 及其以上版本的浏览器。

```
.cs-cl { /* IE9 及 IE9- */ }
.cs-cl, div:valid { /* IE10 及 IE10+ */}
```

9.3.2　范围验证伪类:in-range 和:out-of-range

:in-range 和:out-of-range 伪类与 min 属性和 max 属性密切相关，因此这两个伪类常用来匹配'number'类型的输入框或'range'类型的输入框。例如：

```
<input type="number" min="1" max="100">
<input type="range" min="1" max="100">
```

即输入框的最小值是 1，最大值是 100。此时，如果输入框的值不在这个范围，则会匹配:out-of-range 伪类；如果输入框的值在这个范围内，则匹配:in-range 伪类，测试 CSS 如下：

```
input:in-range { outline: 2px dashed green; }
input:out-of-range { outline: 2px solid red; }
```

此时输入框的轮廓为绿色虚框，如图 9-40 所示。

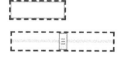

图 9-40　虚线轮廓截图示意

如果我们使用 JavaScript 改变输入框的值为 200（超过 max 属性的限制值），或者直接设置 value 属性值为 200，如下：

```
<input type="number" min="1" max="100" value="200">
<input type="range" min="1" max="100" value="200">
```

则最终的输入框表现为："number"类型的输入框匹配:out-of-range 伪类而表现为红色实线轮廓，而"range"类型的输入框依然是绿色虚框，如图 9-41 所示。

图 9-41　实线轮廓和虚线轮廓截图示意

这是因为浏览器对"range"类型的输入框自动做了区域范围限制（因为涉及滑杆的定位），无论是 Chrome 浏览器还是 Firefox 浏览器，都是这种表现。例如：

```
range.value = 200;
// 输出结果是'100'
console.log(range.value);
```

因此，实际开发的时候，并不存在需要使用范围验证伪类匹配"range"类型输入框的场景，因为范围验证伪类一定会匹配。有使用必要的场景包括数值输入框和时间相关输入框，如下：

```
<!-- 数值类型 -->
<input type="number">
<!-- 时间类型 -->
<input type="date">
<input type="datetime-local">
<input type="month">
<input type="week">
<input type="time">
```

如果这类输入框没有 min 属性和 max 属性的限制，则:in-range 伪类和 out-of-range 伪类都不会匹配。但 Chrome 浏览器下有一个特殊，那就是如果 value 属性值的类型和指定的 type 属性值的类型不匹配，这个输入框居然也会匹配:in-range 伪类。例如：

```
<input type="number" value="a">
```

匹配证据如图 9-42 所示。

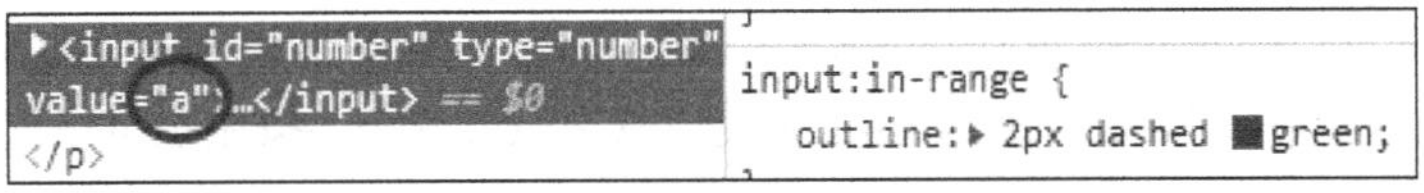

图 9-42　不合法属性值依然匹配:in-range 伪类证据

不过实际开发中，很少使用:in-range 伪类，而:out-of-range 伪类的使用较多，同时大家也不会故意设置不合法的数值，因此这种细节了解即可。

此外，:out-of-range 伪类还可以配合:invalid 伪类验证细化我们输入框出错时的提示信息。例如：

```css
.valid .cs-input:out-of-range + .cs-valid-tips::before {
    content: "超出范围限制";
    color: red;
}
```

注意，IE 浏览器不支持:in-range 伪类和:out-of-range 伪类。

9.3.3　可选性伪类:required 和:optional

:required 伪类用来匹配设置了 required 属性的表单元素，表示这个表单元素必填或者必写。例如：

```html
<input required>
<select required>
    <option value="">请选择</option>
    <option value="1">选项 1</option>
    <option value="2">选项 2</option>
</select>
<input type="radio" required>
<input type="checkbox" required>
```

以上 4 个表单元素均可以匹配:required 伪类。例如：

```css
:required {
    box-shadow: 0 0 0 2px green;
}
```

结果都呈现出了绿色的线框，如图 9-43 所示。

图 9-43　:required 伪类匹配示意

:optional 伪类可以看成是:required 伪类的对立面，只要表单元素没有设置 required 属性，都可以匹配:optional 伪类，甚至<button>按钮也可以匹配。例如：

```css
:optional {
    box-shadow: 0 0 0 2px red;
}
```
```html
<button>按钮</button>
<input type="submit" value="按钮">
```

这两种写法的按钮元素都呈现出红色的线框，如图 9-44 所示。

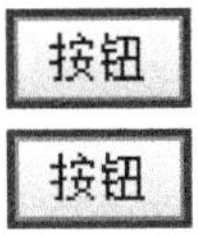

图 9-44 :optional 伪类匹配示意

还值得一提的是单选框元素的:required 伪类匹配。虽然单选框元素的:required 伪类匹配和:invalid 伪类匹配机制有巨大差异，但很多人会误认为它们是一样的。

对于:invalid 伪类，只要其中一个单选框设置了 required 属性，整个单选框组中的所有单选框元素都会匹配:invalid 伪类，这会导致同时验证通过或验证不通过；但是，如果是:required 伪类，则只会匹配设置了 required 属性的单选框元素。用示例说话：

```
[type="radio"]:required {
    box-shadow: 0 0 0 2px deepskyblue;
}
[type="radio"]:invalid {
    outline: 2px dashed red;
    outline-offset: 4px;
}
<input type="radio" name="required" required>
<input type="radio" name="required">
<input type="radio" name="required">
<input type="radio" name="required">
```

结果第一个设置了 required 属性的单选框有两层轮廓，其他只匹配:invalid 伪类的单选框只有一层轮廓，如图 9-45 所示。

图 9-45 单选框组匹配:required 伪类和:invalid 伪类的差异

实际应用

长久以来，输入框是必填还是可选的，样式上没有区别，只有禁用状态才有，我们通常的做法都是使用额外的字符进行标记。

例如使用一个红色星号标记该输入框是必填的，或者直接使用中文"可选"来标记这个输入框是可以不填的，因此，实际开发中，:required 伪类和:optional 伪类都是通过兄弟选择符控制兄弟元素的样式来标记表单元素的可选性。

例如，图 9-46 所示的就是一个调查问卷布局的最终实现效果，可以看到每个问题的标题的最后都标记了"必选"还是"可选",这些标记的文案是 CSS 根据 HTML 表单元素设置的属性自动生成的。

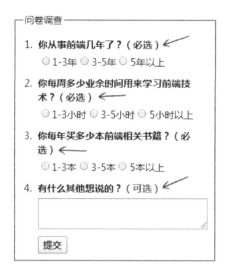

图 9-46　纯 CSS 标记"必选"还是"可选"案例截图

相关实现颇有技术含量,大家可以耐心看看代码,说不定可以学到很多其他 CSS 技术。

首先是 HTML 部分,和传统实现不同,我们需要把标题元素放在表单元素的后面,这样才能使用兄弟选择符进行控制,具体如下:

```
<form>
    <fieldset>
        <legend>问卷调查</legend>
        <ol class="cs-ques-ul">
            <li class="cs-ques-li">
                <input type="radio" name="ques1" required>1-3 年
                <input type="radio" name="ques1">3-5 年
                <input type="radio" name="ques1">5 年以上
                <!-- 标题放在后面 -->
                <h4 class="cs-caption">你从事前端几年了? </h4>
            </li>
            ...
            <li class="cs-ques-li">
                <textarea></textarea>
                <!-- 标题放在后面 -->
                <h4 class="cs-caption">有什么其他想说的? </h4>
            </li>
        </ol>
        <p><input type="submit" value="提交"></p>
    </fieldset>
</form>
```

高能的 CSS 来了,考验布局能力的时候到了,如何让在后面的 .cs-caption 元素在上面显示呢？由于这里标签受限，因此，使用 Flex 布局有些困难。实际上有一个 IE8 浏览器也支持的 CSS 声明可以改变 DOM 元素的上下呈现位置，这个 CSS 声明就是 `display:table-caption`，CSS 如下：

```css
.cs-ques-li {
   display: table;
   width: 100%;
}
.cs-caption {
   display: table-caption;
   /* 标题显示在上方 */
   caption-side: top;
}
```

由于`<li>`元素设置了 `display:table`，重置了浏览器内置的 `display:list-item`，因此，列表前面的数字序号就无法显示，但没关系，我们可以借助 CSS 计数器重现序号匹配，这也是从 IE8 浏览器就开始支持的，代码如下：

```css
.cs-ques-ul {
   counter-reset: quesIndex;
}
.cs-ques-li::before {
   counter-increment: quesIndex;
   content: counter(quesIndex) ".";
   /* 序号定位 */
   position: absolute; top: -.75em;
   margin: 0 0 0 -20px;
}
```

最后就很简单了，基于`:optional`伪类和`:required`伪类在`.cs-caption`元素最后标记可行性。CSS 如下：

```css
:optional ~ .cs-caption::after {
   content: "（可选）";
   color: gray;
}
:required ~ .cs-caption::after {
   content: "（必选）";
   color: red;
}
```

可见，借助 3 个 CSS 高级技巧实现了我们的可选性自动标记效果，以后要想修改可选性，只需要修改表单元素的 `required` 属性即可，文案信息自动同步，维护更简单。

完整 CSS 如下：

```css
/* 标题在上方显示 */
.cs-ques-li {
   display: table;
   width: 100%;
}
```

```
.cs-caption {
    display: table-caption;
    caption-side: top;
}
/* 自定义列表序号 */
.cs-ques-ul {
    counter-reset: quesIndex;
}
.cs-ques-li {
    position: relative;
}
.cs-ques-li::before {
    counter-increment: quesIndex;
    content: counter(quesIndex) ".";
    position: absolute; top: -.75em;
    margin: 0 0 0 -20px;
}
/* 显示对应的可选性文案与颜色 */
:optional ~ .cs-caption::after {
    content: "（可选）";
    color: gray;
}
:required ~ .cs-caption::after {
    content: "（必选）";
    color: red;
}
```

读者可以手动输入 https://demo.cssworld.cn/selector/9/3-2.php 或扫描下面的二维码亲自体验与学习。

9.3.4   用户交互伪类`:user-invalid`和空值伪类`:blank`

`:user-invalid`伪类和`:blank`伪类是非常新且尚未成熟的伪类，这里就寥寥几笔带过。

`:user-invalid`伪类用于匹配用户输入不正确的元素，但只有在用户与它进行了显著交互之后才进行匹配。`:user-invalid`伪类必须在用户尝试提交表单和用户再次与表单元素交互之前匹配。目前浏览器实现存疑，实际开发请使用`:valid`伪类和 JavaScript 代码配合实现。

`:blank`伪类的规范也是多变的，一开始是可以匹配空标签元素（可以有空格），现在变成匹配没有输入值的表单元素。等这个伪类成熟后，我将再对其进行介绍。如果想要匹配空值表单元素，请使用`:placeholder-shown`伪类代替（设置 placeholder 属性值为空格）。

第 10 章

树结构伪类

本章将介绍 DOM 树结构查询伪类，这类伪类虽然名为伪类，但行为上更接近于普通选择器。本章中出现的伪类的使用频率可能会有差异，但这些伪类都是很实用的。

本章介绍的所有伪类 IE9 及以上版本的浏览器都是支持的，成熟且特性稳定，可以放心使用。

10.1 :root 伪类

:root 伪类表示文档根元素，IE9 及以上版本的浏览器支持该伪类。

10.1.1 :root 伪类和<html>元素

在 XHTML 或者 HTML 页面中，:root 伪类表示的就是<html>元素。

这很好证明，给<html>元素加一个类名，如下：

```
<html class="html"></html>
```

此时，设置一个背景色就可以看到整个页面的背景色变成天蓝色了：

```
:root.html { background: skyblue; }
```

或者直接使用 html 标签也可以证明：

```
html:root { background: skyblue; }
```

那么问题来了，html 标签选择器也匹配<html>元素，那这两个选择器有什么区别吗？

区别肯定是有的：首先，:root 伪类的优先级更高，毕竟伪类的优先级比标签选择器的优先级要高一个层级；其次，对于:root，IE9 及以上版本的浏览器才支持，它的兼容性要逊于 html 标签选择器；最后，:root 指所有 XML 格式文档的根元素，XHTML 文档只是其中一种。

例如，在 SVG 中，:root 就不等同于 html 标签了，而是其他标签。

在 Shadow DOM 中虽然也有根的概念（称为 shadowRoot），但并不能匹配:root 伪类，也就是在 Shadow DOM 中，:root 伪类是无效的，应该使用专门为此场景设计的:host 伪类。

10.1.2 :root 伪类的应用场景

由于 html 标签选择器的兼容性更好，优先级更低，因此日常开发中没有必要使用:root 伪类，直接使用 html 标签选择器即可。

但下面要介绍的这两个开发场景则更推荐使用:root 伪类。

1. 滚动条出现页面不跳动

桌面端网页的主体内容多采用水平居中布局，类似下面这样（取自 2019 年的淘宝首页）：

```
.layer {
    width: 1190px;
    margin: 0 auto;
}
```

则页面加载或者交互变化导致页面高度超过一屏的时候，页面就会有一个从无滚动条到有滚动条的变化过程。而在 Windows 系统下，所有浏览器的默认滚动条都占据 17px 宽度，滚动条的出现必然导致页面的可用宽度变小，需要重新计算主体模块的居中定位，导致内容发生偏移，页面会突然跳动，体验很不好。

常见做法是下面这样的：

```
html {
    overflow-y: scroll;
}
```

但这会让高度不足一屏的页面的右侧也显示滚动条的轨道，并不完美。

还有一种方法是外部再嵌套一层<div>元素，再设置

```
.layer-outer {
    margin-left: calc(100vw - 100%);
}
```

或者

```
.layer-outer {
    padding-left: calc(100vw - 100%);
}
```

100vw 是包含滚动条的宽度，100%宽度的计算值不包含滚动条，所以 calc(100vw - 100%) 的计算值就是页面的滚动条宽度。这样，.layer 的左右居中定位一定是绝对居中的。

不过这种方法还是有瑕疵，当浏览器宽度比较小的时候，左侧留的白明显比右边多，这会有些奇怪，但这一点可以通过查询语句进行优化：

```
@media screen and (min-width: 1190px) {
  .layer-outer {
    margin-left: calc(100vw - 100%);
  }
}
```

这种方法的另外一个不足就是需要调整 HTML 结构，一个网站有这么多页面，如果主体结构没有公用，修改的成本很高。

现在，轮到另外一种更好的方法出场了：

```
/* IE8 */
html {
  overflow-y: scroll;
}
/* IE9+ */
:root {
  overflow-x: hidden;
}
:root body {
  position: absolute;
  width: 100vw;
  overflow: hidden;
}
```

上述 CSS 代码做的事情很简单，就是让 IE8 浏览器使用旧的直接预留滚动区域的方法，IE9 及以上版本的浏览器直接让居中定位计算宽度一直都不包含滚动条宽度，这样就一定不会发生跳动。

因为 IE9 及以上版本的浏览器才支持 vw 单位，所以使用了 :root 伪类，一方面正好对页面滚动条进行设置，另一方面正好完美区分了 IE8 和 IE9 浏览器。

在这个 CSS 技巧中，:root 伪类的性价比较高，比较适合使用。

2. CSS 变量

现代浏览器都已经支持了 CSS 自定义属性（也就是 CSS 变量），其中有一些变量是全局的，如整站的颜色、主体布局的尺寸等。对于这些变量，业界约定俗成，都将它们写在 :root 伪类中，虽然将它们写在 html 标签选择器中也一样。

之所以写在 :root 伪类中，是因为这样做代码的可读性更好。同样是根元素，html 选择器负责样式，:root 伪类负责变量，这一点是约定俗成的，它们互相分离，各司其职。例如：

```
:root {
  /* 颜色变量 */
  --blue: #2486ff;
  --red: #f4615c;
  /* 尺寸变量 */
  --layerWidth: 1190px;
}
html {
  overflow: auto;
}
```

10.2   :empty 伪类

先来了解一下:empty 伪类的基本匹配特性。

（1）:empty 伪类用来匹配空标签元素。例如：

```
<div class="cs-empty"></div>
.cs-empty:empty {
    width: 120px;
    padding: 20px;
    border: 10px dashed;
}
```

此时，<div>元素就会匹配:empty 伪类，呈现出虚线框，如图 10-1 所示。

图 10-1   <div>元素匹配:empty 伪类呈现出虚线框

（2）:empty 伪类还可以匹配前后闭合的替换元素，如<button>元素和<textarea>元素。例如：

```
<textarea></textarea>
textarea:empty {
    border: 6px double deepskyblue;
}
```

在所有浏览器下都呈现为双实线，如图 10-2 所示。

图 10-2   :empty 伪类匹配<textarea>截图

在 IE 浏览器下，<textarea>元素的:empty 伪类匹配有一些非常奇怪的特性。

首先，如果输入文字内容，则 IE 浏览器认为<textarea>元素并非空标签，不会匹配:empty 伪类。例如，我随便输入"文字"，结果在 IE 浏览器下<textarea>元素的边框样式从双实线还原成了初始状态，如图 10-3 所示。

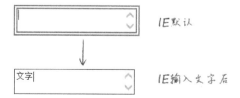

图 10-3   IE 浏览器下输入值的<textarea>不匹配:empty 伪类

其次，当`<textarea>`元素的 `placeholder` 属性值显示的时候，IE 浏览器也不会匹配`:empty` 伪类。例如，HTML 如下：

```
<textarea placeholder="请输入姓名"></textarea>
```

其交互状态如图 10-4 所示。

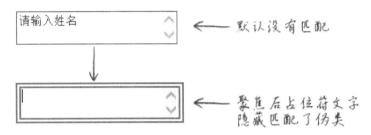

图 10-4　IE 浏览器下显示 `placeholder` 属性值的`<textarea>`不匹配`:empty` 伪类

还记不记得我们在 9.1.3 节中曾借助`:placeholder-shown` 伪类判断输入框的值是否为空，这很好用，但是 IE 浏览器不兼容。没关系，对于`<textarea>`元素，IE 浏览器也有了空值匹配方法，那就是借助`:empty` 伪类。HTML 如下：

```
<textarea placeholder=" "></textarea><span></span>
```

CSS 代码为：

```
/* IE 浏览器 */
textarea:not(:empty) + span::before {
    content: "√";
    color: green;
}
/* 其他浏览器 */
textarea:not(:placeholder-shown) + span::before {
    content: "√";
    color: green;
}
```

另外，IE 浏览器还需要触发重绘的 JavaScript 代码补丁，与 9.3.1 节中提到的补丁一模一样，这里不再重复展示了。

本示例配有演示页面，读者可以手动输入 https://demo.cssworld.cn/selector/10/2-1.php 亲自体验与学习。

当然，实际开发中还是直接使用`:invalid` 伪类更合适，这里这种利用缺陷实现的技巧只能说它有趣但不能说它实用。

（3）`:empty` 伪类还可以匹配非闭合元素，如`<input>`元素、`<img>`元素和`<hr>`元素等。例如：

```
input:empty,
img:empty,
```

```
hr:empty {
    border: 6px double deepskyblue;
}
<input type="text" placeholder="请输入姓名">
<img src="./1.jpg">
<hr>
```

在所有浏览器中的效果如图 10-5 所示。

图 10-5   非闭合元素匹配:empty 伪类

但实际开发中很少有需要使用:empty 伪类匹配非闭合元素的场景。

10.2.1   对:empty 伪类可能的误解

什么样的元素可以匹配:empty 伪类？如果没有深入研究，你大概会认为没有任何子元素、不显示任何内容的元素可以匹配:empty 伪类。但如果深入到细节，就会发现这种粗浅的理解会给我们带来误解。

1.:empty 伪类与空格

如果问若元素内有注释，是否可以匹配:empty 伪类？多数人会觉得不会匹配，这是完全正确的。例如：

```
<!-- 无法匹配:empty 伪类 -->
<div class="cs-empty"><!-- 注释 --></div>
```

但如果问若元素里面有一个空格或者标签有换行呢？这时很多人就会有错误的认识了。实际上，依然无法匹配:empty 伪类。例如，有以下几种情况。

不能有空格：

```
<!-- 无法匹配:empty 伪类 -->
<div class="cs-empty">  </div>
```

不能有换行：

```
<!-- 无法匹配:empty 伪类 -->
<div class="cs-empty">
</div>
```

因此，实际开发的时候，如果遇到:empty 伪类无效的场景，要仔细查看 HTML 代码，看看标签内是否有空格或者换行。

:empty 伪类忽略空格的特性不符合我们的直观认知，W3C 官方也收集到了很多这样的意见，所以在 CSS 选择器 Level 4 规范中已经开始明确:empty 伪类可以匹配只有空格文本节点的元素，但是直到我写本章的时候还没有任何浏览器支持，因此，安全起见，实际开发大家还是按照无空格标准来进行。

Firefox 浏览器中有一个私有伪类可以让元素匹配空标签元素或带有空格的标签元素，这个伪类就是:-moz-only-whitespace。例如：

```
.cs-empty:-moz-only-whitespace {
    border: 10px dotted;
}
```

是可以匹配下面的 HTML 的：

```
<!-- Firefox 可以匹配:empty 伪类 -->
<div class="cs-empty">  </div>
```

但毕竟 Firefox 浏览器市场份额有限，大家了解即可。

最后一点，没有闭合标签的闭合元素也无法匹配:empty 伪类，浏览器会自动补全 HTML 标签。例如，段落元素可以直接写成：

```
<p>段落
<p>段落
<p>段落
```

这样写解析没有任何问题。下面问题来了，如果标签里面没有任何其他内容，例如：

```
<p class="cs-empty">
<p class="cs-other">
```

结果.cs-empty 也无法匹配:empty 伪类：

```
<!-- .cs-empty 无法匹配:empty 伪类 -->
<p class="cs-empty">
<p class="cs-other">
```

因为浏览器自动补全的内容将一直延伸到下一个标签元素的开头，所以这里的.cs-empty 元素实际上包含了换行符，等同于下面这种写法：

```
<p class="cs-empty">
</p><p class="cs-other">
```

也可以使用 JavaScript 验证上面的结论：

```
document.querySelector('.cs-empty').innerHTML
// 结果是回车符 ↵
```

因此，如果想要自动补全标签匹配:empty 伪类，需要首尾相连，这样：

```
<!-- .cs-empty 可以匹配:empty 伪类 -->
<p class="cs-empty"><p
class="cs-other">
```

2．:empty 伪类与::before/::after 伪元素

::before 和::after 伪元素可以给标签插入内容、图形，但这会不会影响:empty 伪类的匹配呢？答案是：不会。例如：

```
.cs-empty::before {
    content: '我是一段文字';
}
.cs-empty:empty {
    border: 10px dotted deepskyblue;
}
<!-- 可以匹配:empty 伪类 -->
<div class="cs-empty"></div>
```

虽然我们在.cs-empty 的元素内部插入了一段文本，但是浏览器依然按照:empty 伪类进行了渲染，如图 10-6 所示。

图 10-6　应用了::before 伪元素，但依然匹配:empty 伪类

这一特性非常实用。

10.2.2　超实用超高频使用的:empty 伪类

无论是大项目还是小项目，它们一定都会用到:empty 伪类。主要有下面几种场景。

1．隐藏空元素

例如，某个模块里面的内容是动态的，可能是列表，也可能是按钮，这些模块容器常包含影响布局的 CSS 属性，如 margin、padding 属性等。当然，这些模块里面有内容的时候，布局显示效果是非常好的，然而一旦这些模块里面的内容为空，页面上就会有一块很大的明显的空白，效果就不好，这种情况下使用:empty 伪类控制一下就再好不过了：

```
.cs-module:empty {
    display: none;
}
```

无须额外的 JavaScript 逻辑判断，直接使用 CSS 就可以实现动态样式效果，唯一需要注意的是，当列表内容缺失的时候，一定要把空格也去掉，否则 :empty 伪类不会匹配。

2．字段缺失智能提示

例如，下面的 HTML：

```
<dl>
    <dt>姓名: </dt>
    <dd>张三</dd>
    <dt>性别: </dt>
    <dd></dd>
    <dt>手机: </dt>
    <dd></dd>
    <dt>邮箱: </dt>
    <dd></dd>
</dl>
```

用户的某些信息字段是缺失的，此时开发人员应该使用其他占位字符示意这里没有内容，如短横线（–）或者直接使用文字提示。但多年的开发经验告诉我，开发人员非常容易忘记这里的特殊处理，最终导致布局混乱，信息难懂。

```
/* <dd>为空布局会混乱 */
dt {
    float: left;
}
```

但如今，我们就不用担心这样的合作问题了，直接使用 CSS 就可以处理这种情况，代码很简单：

```
dd:empty::before {
    content: '暂无';
    color: gray;
}
```

此时字段缺失后的布局效果如图 10-7 所示。

姓名: 张三
性别: 暂无
手机: 暂无
邮箱: 暂无

图 10-7　空字段借助 :empty 伪类和 ::before 伪元素占位

可以看到，这样的布局效果良好，信息清晰。存储的是什么数据内容，直接输出什么内容就可以，就算数据库中存储的是空字符也无须担心。

实际开发中，类似的场景还有很多。例如，表格中的备注信息经常都是空的，此时可以这样处理：

```
td:empty::before {
    content: '-';
    color: gray;
}
```

除此之外，还有一类典型场景需要用到 :empty 伪类，那就是动态 Ajax 加载数据为空的情况。当一个新用户进入一个产品的时候，很多模块内容是没有的。要是在过去，我们需要在 JavaScript 代码中做 if 判断，如果没有值，我们要吐出"没有结果"或者"没有数据"的信息。但是现在，有了 :empty 伪类，直接把这个工作交给 CSS 就可以了。例如：

```
.cs-search-module:empty::before {
    content: '没有搜索结果';
    display: block;
    line-height: 300px;
    text-align: center;
    color: gray;
}
```

又如：

```
.cs-article-module:empty::before {
    content: '您还没有发表任何文章';
    display: block;
    line-height: 300px;
    text-align: center;
    color: gray;
}
```

总之，这种方法非常好用，可以节约大量的开发时间，同时体验更好，维护更方便，因为可以使用一个通用类名使整站提示信息保持统一：

```
.cs-empty:empty::before {
    content: '暂无数据';
    display: block;
    line-height: 300px;
    text-align: center;
    color: gray;
}
```

10.3　子索引伪类

本节要介绍的伪类都是用来匹配子元素的，必须是独立标签的元素，文本节点、注释节点是无法匹配的。

如果想要匹配文字，只有 ::first-line 和 ::first-letter 两个伪元素可以实现，且只有部分 CSS 属性可以应用，这里不展开介绍。

10.3.1　:first-child 伪类和 :last-child 伪类

:first-child 伪类可以匹配第一个子元素，:last-child 伪类可以匹配最后一个子元素。例如：

```
ol > :first-child {
    font-weight: bold;
    color: deepskyblue;
}
ol > :last-child {
    font-style: italic;
    color: red;
}
<ol>
    <li>内容</li>
    <li>内容</li>
    <li>内容</li>
</ol>
```

结果第一项内容表现为天蓝色加粗，最一项内容表现为倾斜红色，如图 10-8 所示。

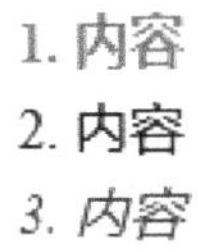

> 1. **内容**
> 2. **内容**
> 3. *内容*

图 10-8　:first-child 和 :last-child 的基本作用示意

虽然 :first-child 和 :last-child 伪类的含义首尾呼应，但这两个伪类并不是同时出现的，:first-child 的出现要早好多年，IE7 浏览器就开始支持，而 :last-child 伪类是在 CSS3 时代出现的，IE9 浏览器才开始支持。因此，对于桌面端项目，在 :first-child 伪类和 :last-child 伪类都可以使用的情况下，优先使用 :first-child 伪类。例如，若想列表上下都有 20px 的间距，则下面两种实现都是可以的：

```
li {
    margin-top: 20px;
}
li:first-child {
    margin-top: 0;
}
li {
    margin-bottom: 20px;
}
li:last-child {
    margin-top: 0;
}
```

但建议优先使用第一种写法。如果你的项目不需要兼容 IE8 浏览器，我不推荐你使用后面一种写法，建议使用 :not 伪类（参见第 11 章），如：

```
li:not(:last-child) {
    margin-bottom: 20px;
}
```

10.3.2 　`:only-child` 伪类

`:only-child` 也是一个很给力的伪类，尤其在处理动态数据的时候，可以省去很多写 JavaScript 逻辑的成本。

我们先来看一下这个伪类的基本含义，`:only-child`，顾名思义，就是匹配没有任何兄弟元素的元素。例如，下面的`<p>`元素可以匹配`:only-child` 伪类，因为其前后没有其他兄弟元素：

```
<div class="cs-confirm">
    <!-- 可以匹配:only-child 伪类 -->
    <p class="cs-confirm-p">确定删除该内容？</p>
</div>
```

另外，`:only-child` 伪类在匹配的时候会忽略前后的文本内容。例如：

```
<button class="cs-button">
    <!-- 可以匹配:only-child 伪类 -->
    <i class="icon icon-delete"></i>删除
</button>
```

虽然`.icon` 元素后面有"删除"文字，但由于没有标签嵌套，是匿名文本，因此不影响`.icon` 元素匹配`:only-child` 伪类。

尤其需要使用`:only-child` 的场景是动态场景，也就是某个固定小模块，根据场景的不同，里面可能是一个子元素，也可能是多个子元素，元素个数不同，布局方式也不同，此时就是`:only-child` 伪类大放异彩的时候。例如，某个加载（loading）模块里面可能就只有一张加载图片，也可能仅仅就是一段加载描述文字，也可能是加载图片和加载文字同时出现，此时`:only-child` 伪类就非常好用。

HTML 示意如下：

```
<!-- 1. 只有加载图片 -->
<div class="cs-loading">
    <img src="./loading.png" class="cs-loading-img">
</div>
<!-- 2. 只有加载文字 -->
<div class="cs-loading">
    <p class="cs-loading-p">正在加载中...</p>
</div>
<!-- 3. 加载图片和加载文字同时存在 -->
<div class="cs-loading">
    <img src="./loading.png" class="cs-loading-img">
    <p class="cs-loading-p">正在加载中...</p>
</div>
```

我们无须在父元素上专门指定额外的类名来控制不同状态的样式，直接活用`:only-child` 伪类就可以让各种状态下的布局都良好：

```
.cs-loading {
    height: 150px;
    position: relative;
```

```
    text-align: center;
    /* 与效果无关，截图示意用 */
    border: 1px dotted;
}
/* 图片和文字同时存在时在中间留点间距 */
.cs-loading-img {
    width: 32px; height: 32px;
    margin-top: 45px;
    vertical-align: bottom;
}
.cs-loading-p {
    margin: .5em 0 0;
    color: gray;
}
/* 当只有图片的时候居中绝对定位 */
.cs-loading-img:only-child {
    position: absolute;
    left: 0; right: 0; top: 0; bottom: 0;
    margin: auto;
}
/* 当只有文字的时候行高近似垂直居中 */
.cs-loading-p:only-child {
    margin: 0;
    line-height: 150px;
}
```

可以得到图 10-9 所示的布局效果。

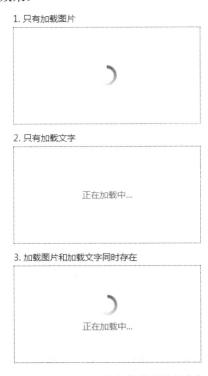

图 10-9   :only-child 伪类实现多种状态加载布局

读者可以手动输入 https://demo.cssworld.cn/selector/10/3-1.php 或扫描下面的二维码亲自体验与学习。

10.3.3 :nth-child()伪类和:nth-last-child()伪类

:nth-last-child()伪类和:nth-child()伪类的区别在于，:nth-last-child()伪类是从后面开始按指定序号匹配，而:nth-child()伪类是从前面开始匹配。除此之外，两者没有其他区别，无论是在兼容性还是语法方面。因此，本节会以:nth-child()为代表对这两个伪类进行详细且深入的介绍。

1. 从:nth-child()开始说

在介绍语法之前，有必要提一句，:nth-child()伪类虽然功能很强大，但只适用于内容动态、无法确定的匹配场景。如果数据是纯静态的，哪怕是列表，都请使用类名或者属性选择器进行匹配。例如：

```
<ol>
    <li class="cs-li cs-li-1">内容</li>
    <li class="cs-li cs-li-2">内容</li>
    <li class="cs-li cs-li-3">内容</li>
</ol>
```

没有必要使用 li:nth-child(1)、li:nth-child(2) 和 li:nth-child(3)，因为这样会增加选择器的优先级，且 DOM 结构严格匹配，无法随意调整，不利于维护。

:nth-child()伪类可以匹配指定索引序号的元素，支持一个参数，且参数必须有，参数可以是关键字值或者函数符号这两种类型。

（1）关键字值的形式如下。

- odd：匹配第奇数个元素，如第 1 个元素，第 3 个元素，第 5 个元素……
- even：匹配第偶数个元素，如第 2 个元素，第 4 个元素，第 6 个元素……

可以这么记忆：如果字母个数是奇数（odd 是 3 个字母），那就是匹配奇数位数的元素；如果字母个数是偶数个（even 是 4 个字母），那就是匹配偶数位数的元素。

奇偶匹配关键字多用在列表或者表格中，可以用来实现提升阅读体验的斑马线效果。

（2）函数符号的形式如下。

- *An+B*：其中 *A* 和 *B* 都是固定的数值，且必须是整数；*n* 可以理解为从 1 开始的自然序列（0, 1, 2, 3, …），*n* 前面可以有负号。第一个子元素的匹配序号是 1，小于 1 的计算序号都会被忽略。

下面来看一些示例，快速了解一下各种类型的参数的含义。

- `tr:nth-child(odd)`：匹配表格的第 1, 3, 5 行，等同于 `tr:nth-child(2n+1)`。
- `tr:nth-child(even)`：匹配表格的第 2, 4, 6 行，等同于 `tr:nth-child(2n)`。
- `:nth-child(3)`：匹配第 3 个元素。
- `:nth-child(5n)`：匹配第 5, 10, 15, …个元素。其中 5=5×1, 10=5×2, 15=5×3……
- `:nth-child(3n+4)`：匹配第 4, 7, 10, …个元素。其中 4=(3×0)+4, 7=(3×1)+4, 10=(3×2)+4……
- `:nth-child(-n+3)`：匹配前 3 个元素。因为 -0+3=3, -1+3=2, -2+3=1。
- `li:nth-child(n)`：匹配所有的 `<li>` 元素，就匹配的元素而言和 `li` 标签选择器一模一样，区别就是优先级更高了。实际开发总是避免过高的优先级，因此没有任何理由这么使用。
- `li:nth-child(1)`：匹配第一个 `<li>` 元素，和 `li:first-child` 匹配的作用一样，区别就是后者的兼容性更好，因此，也没有任何这么使用的理由，使用 `:first-child` 代替它。
- `li:nth-child(n+4):nth-child(-n+10)`：匹配第 4~10 个 `<li>` 元素，这个就属于比较高级的用法了。例如，考试成绩是前 3 名的有徽章，第 4 名到第 10 名高亮显示，此时，这种正负值组合的伪类就非常好用。

实际案例

`:nth-child()` 适合用在列表数量不可控的场景下，如表格、列表等。下面举 3 个常用案例。

（1）斑马线条纹。此效果多用在密集型大数量的列表或者表格中，不容易看错行，通常设置偶数位数的列表为深色背景，代码示意如下：

```
table {
    border-spacing: 0;
    width: 300px;
    text-align: center;
    border: 1px solid #ccc;
}
tr {
    background-color: #fff;
}
tr:nth-child(even) {
    background-color: #eee;
}
```

布局效果如图 10-10 所示。

（2）列表边缘对齐。例如，要实现图 10-11 所示的布局效果。如果无须兼容 IE 浏览器，最好的实现方法是 `display:grid` 布局。如果需要兼容一些老旧的浏览器，多半会使用浮动或者 inline-block 排列布局，此时间隙的处理就是难点，因为无论是设置 margin-left 还是 margin-right，都无法实现正好两端贴着边缘。

标题1	标题2	标题3
内容1	内容2	内容3
内容1	内容2	内容3
内容1	内容2	内容3
内容1	内容2	内容3
内容1	内容2	内容3
内容1	内容2	内容3
内容1	内容2	内容3
内容1	内容2	内容3

图 10-10   列表斑马线条纹效果

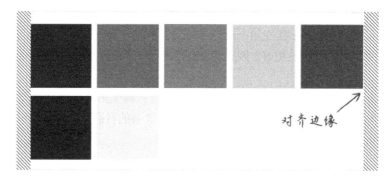

图 10-11   列表斑马线条纹效果

使用 :nth-child() 伪类是比较容易理解和上手的一种方法，假设间隙固定为 10px，则 CSS 代码示意如下：

```
li {
    float: left;
    width: calc((100% - 40px) / 5);
    margin-right: 10px;
}
li:nth-child(5n) {
    margin-right: 0;
}
```

或者下面更推荐使用的写法：

```
li {
    float: left;
    width: calc((100% - 40px) / 5);
}
li:not(:nth-child(5n)) {
    margin-right: 10px;
}
```

（3）固定区间的列表高亮。前面提过这个应用，例如，在展示考试成绩的列表中，前十名需要高亮显示，前三名着重高亮，要实现这样的效果，没有比使用:nth-child()伪类更合适的方法了。

CSS 代码如下：

```
/* 前3行背景色为素色 */
tr:nth-child(-n + 3) td {
    background: bisque;
}
/* 4-10行背景色为淡青色 */
tr:nth-child(n + 4):nth-child(-n + 10) td {
    background: lightcyan;
}
```

效果如图 10-12 所示。

排名	姓名	总积分
1	XboxYan	105
2	liyongleihf2006	78
3	wingmeng	73
4	sghweb	71
5	yaeSakuras	69
6	frankyeyq	66
7	lineforone	58
8	NeilC1991	50
9	smileyby	49
10	iceytea	45
11	Seasonley	44
12	ylfeng250	43
13	Kongdepeng	42
14	AsyncGuo	40
15	qianfengg	40

图 10-12 指定列表范围的背景色效果截图

读者可以手动输入 https://demo.cssworld.cn/selector/10/3-2.php 或扫描下面的二维码亲自体验与学习。

2. 动态列表数量匹配技术

聊天软件中的群头像或者一些书籍的分组往往采用复合头像作为一个大的头像，如图 10-13 所示，可以看到头像数量不同，布局也会不同。

图 10-13　头像数量不同，布局不同

通常大家会使用下面的方法进行布局，这确实是一个不错的方法：

```
<ul class="cs-box" data-number="1"></ul>
<ul class="cs-box" data-number="2"></ul>
<ul class="cs-box" data-number="3"></ul>
...
.cs-box[data-number="1"] li {}
.cs-box[data-number="2"] li {}
.cs-box[data-number="3"] li {}
```

这个实现方法可以很好地满足我们的开发需求，唯一的不足就是当子头像数量变化时，需要同时修改 data-number 的属性值，开发微微麻烦了点。

实际上，还有更巧妙的实现方法，那就是借助子索引伪类，自动判断我们列表项的个数，从而实现我们想要的布局。

在这个方法中，你不需要在父元素上设置当前列表的个数，因此，HTML 看起来平平无奇：

```
<ul class="box">
  <li></li>
  <li></li>
  <li></li>
  ...
</ul>
```

关键就在于 CSS，我们可以借助伪类判断当前列表的个数，示意如下：

```
/* 1个 */
li:only-child {}
/* 2个 */
li:first-child:nth-last-child(2) {}
/* 3个 */
li:first-child:nth-last-child(3) {}
...
```

其中，:first-child:nth-last-child(2) 表示当前<li>元素既匹配第一个子元素，又匹配从后往前的第二个子元素，因此，我们就能判断当前总共有两个<li>子元素，我们就能精准实现我们想要的布局了，只需要配合相邻兄弟选择符加号（+）以及兄弟选择符（~）即可。例如：

```
/* 3个li项目，匹配第1个列表项 */
li:first-child:nth-last-child(3) {}
/* 3个li项目，匹配第1个列表项相邻的第2项列表 */
li:first-child:nth-last-child(3) + li {}
/* 3个li项目，匹配第1个列表项后面的所有列表项，也就是第2项和第3项列表 */
li:first-child:nth-last-child(3) ~ li {}
/* 3个li项目，匹配最后1项，也就是第3项 */
li:first-child:nth-last-child(3) ~ :last-child {}
```

基于上面的数量匹配原理就能自动实现不同列表数量下的不同布局效果了。

读者可以手动输入 https://demo.cssworld.cn/selector/10/3-3.php 或扫描下面的二维码亲自体验与学习。

实现效果如图 10-14 所示。

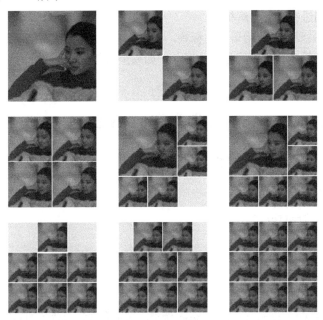

图 10-14　不同头像数量下不同布局的实现效果

其中，HTML 结构如下：

```
<div class="cs-box">
    <!-- 1-9个.cs-li元素 -->
    <div class="cs-li"></div>
</div>
```

由于 CSS 部分代码较多，因此这里只给出两个列表排列时候的布局样式：

```
.cs-box {
  width: 120px; height: 120px;
  background-color: #e0e0e0;
}
/* 2 个列表 */
.cs-li:first-child:nth-last-child(2),
.cs-li:first-child:nth-last-child(2) + .cs-li {
  width: 50%; height: 50%;
}
/* 第 2 个列表右对齐 */
.cs-li:first-child:nth-last-child(2) + .cs-li {
  margin-left: auto;
}
```

10.4   匹配类型的子索引伪类

匹配类型的子索引伪类类似于子索引伪类，区别在于匹配类型的子索引伪类是在同级列表中相同标签元素之间进行索引与解析的。

写 HTML 的时候要注意使用语义化标签，甚至可以使用自定义标签，因为本节中的这些伪类要想在项目中大放异彩，离不开标签的区分，如果全部都是\<div\>元素，就无法使用这些伪类，很是可惜。

10.4.1   `:first-of-type` 伪类和 `:last-of-type` 伪类

`:first-of-type` 表示当前标签类型元素的第一个。例如：

```
dl > :first-of-type {
  color: deepskyblue;
  font-style: italic;
}
<dl>
  <dt>标题</dt>
  <dd>内容</dd>
</dl>
```

结果\<dt\>和\<dd\>均匹配了 `:first-of-type` 伪类，文字表现为天蓝色加倾斜，如图 10-15 所示。

标题

内容

图 10-15   `:first-of-type` 伪类匹配首个标签元素

如果有如下 HTML，其中有多个<dt>和<dd>元素，则后面的<dt>和<dd>元素不会匹配:first-of-type 伪类，文字表现为默认的黑色，也不会倾斜，如图 10-16 所示。

```
<dl>
    <dt>标题 1</dt>
    <dd>内容 1</dd>
    <dt>标题 2</dt>
    <dd>内容 2</dd>
</dl>
```

标题1

内容1

标题2

内容2

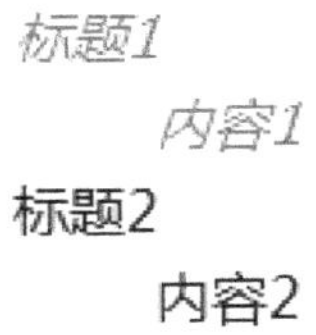

图 10-16　:first-of-type 伪类只匹配首个标签元素

:last-of-type 伪类的语法和匹配规则与:first-of-type 的类似，区别在于:last-of-type 伪类是匹配最后一个同类型的标签元素。例如：

```
dl > :last-of-type {
    color: deepskyblue;
    font-style: italic;
}
<dl>
    <dt>标题 1</dt>
    <dd>内容 1</dd>
    <dt>标题 2</dt>
    <dd>内容 2</dd>
</dl>
```

则最后面的<dt>和<dd>元素中的文字会倾斜，如图 10-17 所示。

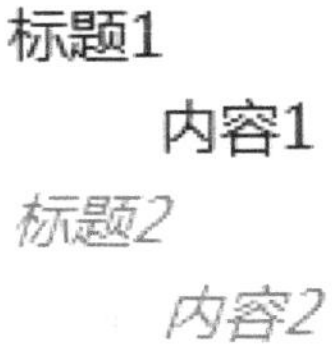

标题1

内容1

标题2

内容2

图 10-17　:last-of-type 伪类匹配最后一个标签元素

10.4.2　:only-of-type 伪类

:only-of-type 表示匹配唯一的标签类型的元素。例如：

```
<dl>
    <dt>标题</dt>
    <dd>内容</dd>
</dl>
```

使用:only-of-type 伪类也可以匹配<dt>和<dd>元素，因为这两种类型的标签都只有 1 个：

```
dl > :only-of-type {
    color: deepskyblue;
    font-style: italic;
}
```

结果如图 10-18 所示。

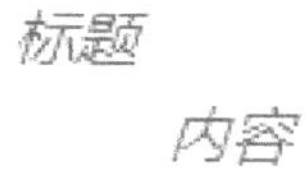

标题

内容

图 10-18   :only-of-type 伪类匹配唯一标签元素

匹配:only-child 的元素一定匹配:only-of-type 伪类，但匹配:only-of-type 伪类的元素不一定匹配:only-child 伪类。

:only-of-type 伪类缺少典型的应用场景，大家需要根据实际情况见机使用。

10.4.3   :nth-of-type()伪类和:nth-last-of-type()伪类

:nth-of-type()伪类匹配指定索引的当前标签类型元素，:nth-of-type()伪类是从前面开始匹配，而:nth-last-of-type()伪类是从后面开始匹配。

1. :nth-child()伪类和:nth-of-type()伪类的异同

:nth-of-type()伪类和:nth-child()伪类的相同之处是它们的语法是一模一样的。

（1）关键字值的形式如下。

- odd：匹配第奇数个当前标签类型元素。
- even：匹配第偶数个当前标签类型元素。

（2）函数符号的形式如下。

- $An+B$：其中 A 和 B 都是固定的数值，且必须是整数；n 可以理解为从 1 开始的自然序列（0, 1, 2, 3, …），n 前面可以有负号。第一个标签元素的匹配序号是 1，小于 1 的计算序号都会被忽略。

例如：

```
/* 第奇数个<p>元素的背景为灰色 */
p:nth-of-type(2n + 1) {
    background-color: #ddd;
}
```

```
/* 将第 4 的倍数个<p>元素加粗同时深天蓝色显示 */
p:nth-of-type(4n) {
    color: deepskyblue;
    font-weight: bold;
}
<article>
    <h3>标题 1</h3>
    <p>段落内容 1</p>
    <p>段落内容 2</p>
    <h3>标题 2</h3>
    <p>段落内容 3</p>
    <p>段落内容 4</p>
</article>
```

结果"段落内容 1"和"段落内容 3"有背景色,"段落内容 4"被加粗同时深天蓝色显示,如图 10-19 所示。

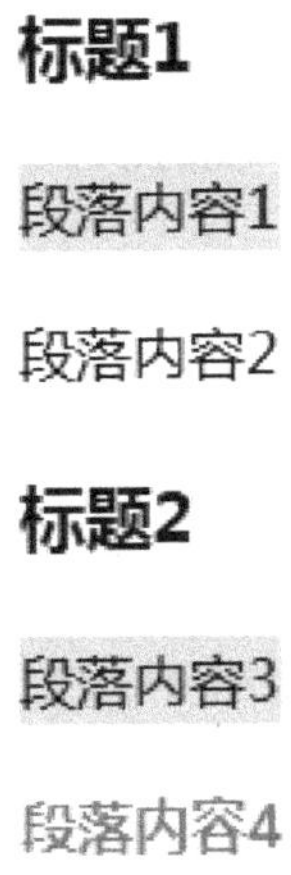

图 10-19 `:nth-of-type()`的匹配效果截图

`:nth-of-type()`伪类和`:nth-child()`伪类的不同之处是,`:nth-of-type()`伪类的匹配范围是所有相同标签的相邻元素,而`:nth-child()`伪类会匹配所有相邻元素,而无视标签类型。

如果上面的案例改成使用`:nth-child()`伪类,具体如下:

```
/* 第奇数个元素,同时是<p>标签 */
p:nth-child(2n + 1) {
    background-color: #ddd;
}
/* 第 4 的倍数个<p>元素,同时是<p>标签 */
p:nth-child(4n) {
    color: deepskyblue;
    font-weight: bold;
}
```

那么匹配元素会大不一样，p:nth-child(4n)选择器则没有匹配，如图 10-20 所示。

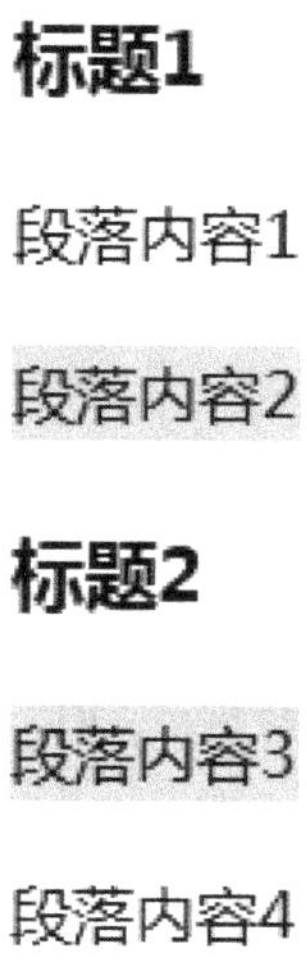

标题1

段落内容1

段落内容2

标题2

段落内容3

段落内容4

图 10-20　:nth-child()对比匹配效果截图

2．:nth-of-type()伪类的适用场景

:nth-of-type()伪类适用于特定标签组合且这些组合会不断重复的场合。在整个 HTML 中，这样的组合元素并不多见，说得出来的也就是"dt+dd"组合：

```
<dl>
    <dt>标题 1</dt>
    <dd>内容 1</dd>
    <dt>标题 2</dt>
    <dd>内容 2</dd>
</dl>
```

以及"details > summary"组合：

```
<details open>
    <summary>订单中心</summary>
    <a href>我的订单</a>
    <a href>我的活动</a>
    <a href>评价晒单</a>
    <a href>购物助手</a>
</details>
```

这段代码中的<a>元素就可以使用:nth-of-type()伪类进行匹配。

　　然后，在这里介绍一个我在实际项目开发中经常用到:nth-of-type()伪类的场景。例如，实现图 10-21 所示的列表布局，其中点击列表会有一个选中状态。

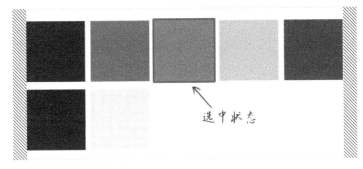

图 10-21　带有选中状态的列表布局目标效果

显然，这样的效果非常适合使用 : checked 伪类技术实现，且无须任何 JavaScript 代码就能实现交互，HTML 如下：

```
<div class="cs-box">
   <input id="list1" type="radio" name="list">
   <label for="list1" class="cs-li"></label>
   <input id="list2" type="radio" name="list">
   <label for="list2" class="cs-li"></label>
   <input id="list3" type="radio" name="list" checked>
   <label for="list3" class="cs-li"></label>
   <input id="list4" type="radio" name="list">
   <label for="list4" class="cs-li"></label>
   <input id="list5" type="radio" name="list">
   <label for="list5" class="cs-li"></label>
   <input id="list6" type="radio" name="list">
   <label for="list6" class="cs-li"></label>
</div>
```

此时就不能使用 : nth-child(5n) 对边缘列表进行匹配了，因为还有平级的 input [type="radio"] 元素。此时需要使用 : nth-of-type(5n) 进行匹配，CSS 代码示意如下：

```
.cs-li {
   float: left;
   width: calc((100% - 40px) / 5);
   margin-right: 10px;
   cursor: pointer;
}
:checked + .cs-li {
   box-shadow: 0 0 0 3px deepskyblue;
}
.cs-li:nth-of-type(5n) {
   margin-right: 0;
}
```

.cs-li:nth-of-type(5n) 的含义是所有类名是 .cs-li 的元素按照标签类型进行分组，然后匹配各个分组中索引值是 5 的倍数的元素。在本例中 .cs-li 元素都是 <label> 元素，和隐藏的单选框 <input> 元素正好区分开了，故能准确匹配。如果没有 : nth-of-type() 伪类，怕是要给每个列表组都嵌套一层标签了，那实现就啰唆了。

第11章

逻辑组合伪类

本章将介绍 4 个逻辑组合伪类，分别是 :not()、:is()、:where() 和 :has()。这 4 个伪类自身的优先级都是 0，当伪类选择器自身和括号里的参数作为一个整体时，整个选择器的优先级各有差异，有的由参数选择器决定，如 :not()，有的参数选择器的优先级也是 0，如 :where()。

:not() 伪类从 IE9 浏览器就开始受到支持，非常实用，务必掌握。其他 3 个伪类目前还都处于不稳定的实验阶段，浏览器支持有限，本章只会做简单介绍，不会深入。

11.1 否定伪类 :not()

:not() 是否定伪类，如果当前元素与括号里面的选择器不匹配，则该伪类会进行匹配。例如：

:not(p) {}

会匹配所有标签不是 p 的元素，包括 `<html>` 元素和 `<body>` 元素。

其他细节

（1）:not() 伪类的优先级是 0，即它本身没有任何优先级，最终选择器的优先级是由括号里面的表达式决定的。例如：

:not(p) {}

的优先级就是 p 选择器的优先级。

（2）:not() 伪类可以不断级联。例如：

input:not(:disabled):not(:read-only) {}

表示匹配所有不处于禁用状态，也不处于只读状态的 `<input>` 元素。

（3）:not()伪类目前尚未支持多个表达式，也不支持出现选择符。例如，下面这种写法目前是不受支持的：

```
/* 尚未支持 */
.cs-li:not(li, dd) {}
```

可以使用下面的写法代替：

```
.cs-li:not(li):not(dd) {}
```

下面这几种写法也都不支持：

```
/* 尚未支持 */
input:not(:disabled:read-only) {}
/* 尚未支持 */
input:not(p:read-only) {}
/* 尚未支持 */
input:not([id][title]) {}
```

总之，目前只支持简单选择器。

告别重置，全部交给:not()伪类

:not()伪类最大的作用就是可以优化过去我们重置 CSS 样式的策略。由于重置样式在 Web 开发中非常常见，因此:not()伪类的适用场景非常广泛。

举个例子，我们在实现选项卡切换效果的时候会默认隐藏部分选项卡面板，点击选项卡按钮后通过添加激活状态类名让隐藏的面板再显示，CSS 如下：

```
.cs-panel {
    display: none;
}
.cs-panel.active {
    display: block;
}
```

实际上，这种效果有更好的实现方式，那就是使用:not()伪类，推荐使用下面的 CSS 代码：

```
.cs-panel:not(.active) {
    display: none;
}
```

使用:not()伪类有如下优点。

（1）使代码更简洁。

（2）更好理解。

（3）保护了原类名的优先级，扩展性更强，更利于维护，这是最重要的一点。

还是上面的例子，由于不同的选项卡面板里面的内容不同，因此所采用的布局也不一样。假设 HTML 如下：

```
<div class="cs-panel">面板 1</div>
<div class="cs-panel cs-flex">面板 2</div>
<div class="cs-panel cs-grid">面板 3</div>
```

"面板 2"需要使用 Flex 布局,"面板 3"需要使用 Grid 布局,结果发现传统实现的 CSS 代码无能为力,因为被更高优先级的 CSS 代码.cs-panel.active 强制限定为了 display:block:

```
.cs-panel {
    display: none;
}
.cs-panel.active {
    display: block;
}
/*
    下面两个布局样式都无效
    .cs-panel.active 的优先级过高
*/
.cs-flex {
    display: flex;
}
.cs-grid {
    display: grid;
}
```

但是,如果使用的是:not()伪类,这样的效果实现起来就很轻松:

```
.cs-panel:not(.active) {
    display: none;
}
/* 下面两个布局样式均有效*/
.cs-flex {
    display: flex;
}
.cs-grid {
    display: grid;
}
```

又如上一章列表边缘对齐的例子,不应该使用下面的写法:

```
.cs-li {
    float: left;
    width: calc((100% - 40px) / 5);
    margin-right: 10px;
}
/* 不推荐这样重置 */
.cs-li:nth-of-type(5n) {
    margin-right: 0;
}
```

而应该使用:not()伪类:

```
.cs-li {
    float: left;
```

```
    width: calc((100% - 40px) / 5);
}
/* 推荐这样设置 */
.cs-li:not(:nth-of-type(5n)) {
    margin-right: 10px;
}
```

又如按钮样式的控制，如禁用按钮不能有:hover 样式，传统实现是下面这样的：

```
.cs-button,
.cs-button:disabled:hover {
    background-color: #fff;
}
.cs-button:hover {
    background-color: #eee;
}
```

如果像下面这样：

```
.cs-button {
    background-color: #fff;
}
.cs-button:not(:disabled):hover {
    background-color: #eee;
}
```

代码更清晰、更简洁。

总之，大家一定要培养这样的意识：一旦遇到需要重置 CSS 样式的场景，第一反应就是使用:not()伪类。

但是，有一类重置场景，使用:not()伪类可能会有预期之外的事情发生。

例如，网站有部分模块的 HTML 需要保留浏览器原生的样式，其他地方需要全部重置，假设模块容器标签名自定义，名称是 x-article，我们会想到使用如下 CSS：

```
:not(x-article) ol,
:not(x-article) ul {
    padding: 0;
    margin: 0;
    list-style-type: none;
}
```

乍一看这是一个很棒的实现，因为从语法上直译就是非 x-article 标签下的<ol>、<ul>元素样式全部重置。

但实际上这是有问题的。例如，有如下 HTML 代码：

```
<x-article>
    <div>
        <ol>
            <li>内容 1</li>
            <li>内容 2</li>
            <li>内容 3</li>
```

```
        </ol>
      </div>
  </x-article>
```

这里的<ol>元素的margin和padding等CSS属性样式理论上应该不被重置,但实际这些
样式都被重置了,因为<ol>元素外面的<div>元素也匹配:not(x-article) ol选择器。

　　在这种场景下,就不要使用使用:not()伪类,除非<ol>、<ul>元素的 DOM 层级或者位
置固定,例如只能作为<x-article>的子元素存在,此时,我们可以使用下面的CSS进行处理:

```
:not(x-article) > ol,
:not(x-article) > ul {
   padding: 0;
   margin: 0;
   list-style-type: none;
}
```

11.2　了解任意匹配伪类:is()

　　:is()伪类可以把括号中的选择器依次分配出去,对于那种复杂的有很多逗号分隔的选择
器非常有用。

　　在具体介绍:is()伪类之前,我们先来了解一下:is()伪类与:matches()伪类及:any()
伪类之间的关系。

11.2.1　:is()伪类与:matches()伪类及:any()伪类之间的关系

　　2018 年 10 月底,:matches()伪类改名为:is()伪类,因为:is()的名称更简短,且其
语义正好和:not()相反。

　　也就是说,:matches()伪类是:is()伪类的前身。然后很有趣的是:matches()还有一
个被舍弃的前身,那就是:any()伪类,被舍弃的原因是选择器的优先级不准确,:any()伪类
会忽略括号里面选择器的优先级,而永远是普通伪类的优先级。

　　:any()伪类名义上虽然被舍弃了,但是除了 IE/Edge 以外的浏览器都支持,而且很早就支
持,现在也都支持,不过都需要添加私有前缀,如-webkit-any()以及-moz-any()。

　　梳理一下就是,先有:any()伪类,不过其需要配合私有前缀使用,后来因为选择器的优
先级不准确,:any()伪类被舍弃,成为:matches()伪类,然后又因为:matches()伪类的名
称不太好,最近又修改成了:is()伪类。但这 3 个伪类的语法都是一模一样的,在我书写这段
内容的此刻,Chrome 浏览器已经可以运行:is()伪类,同时舍弃了:matches()伪类(已无法
识别)。根据我的判断,:is()伪类会一直稳定下去。

　　上面提到了:any()伪类的优先级,下面来说说:is()伪类的优先级,:is()伪类的优先
级解析才是正确的,具体如下::is()伪类本身的优先级为 0,整个选择器的优先级是由:is()

伪类里面参数优先级最高的那个选择器决定的。例如：

```
:is(.article, section) p {}
```

优先级等同于.articla p，又如：

```
:is(#article, .section) p {}
```

优先级等同于#articla p。这是由参数中优先级最高的选择器决定的。

11.2.2   `:is()` 伪类的语法与作用

:is()伪类由于是新伪类，没有历史包袱，因此浏览器厂商直接按照最新的标准实现，参数可以是复杂选择器或复杂选择器列表，这一点和:not()伪类不同，:not()伪类目前只支持简单选择器参数。

例如，下面的写法都是合法的：

```
/* 简单选择器 */
:is(article) p {}
/* 简单选择器列表 */
:is(article, section) p {}
/* 复杂选择器 */
:is(.article[class], section) p {}
/* 带逻辑伪类的复杂选择器 */
.some-class:is(article:not([id]), section) p {}
```

:is()伪类的作用就是简化选择器。例如，平时开发经常会遇到类似下面的 CSS 代码：

```
.cs-avatar-a > img,
.cs-avatar-b > img,
.cs-avatar-c > img,
.cs-avatar-d > img {
    display: block;
    width: 100%; height: 100%;
    border-radius: 50%;
}
```

此时就可以使用:is()伪类进行简化：

```
:is(.cs-avatar-a, .cs-avatar-b, .cs-avatar-c, .cs-avatar-d) > img {
    display: block;
    width: 100%; height: 100%;
    border-radius: 50%;
}
```

这种简化只是一维的，:is()伪类的优势并不明显，但如果选择器是交叉组合的，那:is()伪类就大放异彩了。例如，有序列表和无序列表可以相互嵌套，假设有两层嵌套关系，则最里面的<li>元素就存在下面 4 种可能场景：

```
ol ol li,
ol ul li,
```

```
ul ul li,
ul ol li {
    margin-left: 2em;
}
```

如果使用:is()伪类进行强化，则只有下面这几行代码：

```
:is(ol, ul) :is(ol, ul) li {
    margin-left: 2em;
}
```

:is()伪类是一个有用但不被迫切需要的伪类，大家可以等浏览器全面支持后再使用。

11.3　了解任意匹配伪类:where()

:where()伪类是和:is()伪类一同出现的，它们的含义、语法、作用一模一样。唯一的区别就是优先级不一样，:where()伪类的优先级永远是 0。例如：

```
:where(.article, section) p {}
```

的优先级等同于 p 选择器，参数里的选择器的优先级被完全忽略。又如：

```
:where(#article, #section) .content {}
```

的优先级等同于.content 选择器。

11.4　了解关联伪类:has()

:has()伪类是一个规范制定得很早但浏览器却迟迟没有支持的伪类。如果浏览器能够支持，其功能会非常强大，因为它可以实现类似"父选择器"和"前面兄弟选择器"的功能，对CSS 的开发会有颠覆性的影响。

例如：

```
a:has(< svg) {}
```

表示匹配包含有<svg>元素的<a>元素，实现的就是"父选择器"的效果，即根据子元素选择父元素。

又如：

```
h1:has(+ p) {}
```

表示匹配后面跟随<p>元素的<h1>元素，实现的就是"前面兄弟选择器"的效果，即根据后面的兄弟元素选择前面的元素。

由于没有受到浏览器支持，且我个人判断以后很长一段时间也不会受到支持，因此这里不对其做进一步展开。

第 12 章

其他伪类选择器

因为有些伪类相对比较零散且都带有试验性质，所以我将它们全部汇总在本章中一起介绍，同时会对每一个伪类做点评。

12.1 与作用域相关的伪类

本节将介绍几个与作用域相关的伪类，其中:host 伪类和:host()伪类是使用频率很高的两个伪类，大家可以多加关注。

12.1.1 参考元素伪类:scope

曾经有一段时间，部分浏览器曾经支持过"在一个网页文档中支持多个 CSS 作用域"，语法是在<style>元素上设置 scoped 属性，如下：

```
<style scoped>
.your-css {}
</style>
```

在一番争论之后，这个特性被舍弃了，原本支持它的浏览器也不支持了，scoped 属性也被彻底移除了，如昙花一现。

然而，:scope 伪类却被保留了下来，而且除了 IE/Edge，其他浏览器都支持。

但是，不要兴奋，虽然浏览器都支持:scope，但已经完全变味了。在 CSS 世界中，:scope 伪类更像是一个摆设。因为如今的网页只有一个 CSS 作用域，所以:scope 伪类等同于:root 伪类。

例如，我们设置

```
:scope {
```

```
    background-color: skyblue;
  }
```

和设置

```
:root {
    background-color: skyblue;
}
```

最终的效果是一模一样的,都是网页的背景变成天蓝色。

当然,存在即合理。:scope 也不是一无是处,它是一个非常安全的用来区分 IE/Edge 和其他浏览器的利器,区分方法为

```
/* IE/Edge */
.cs-class {}
/* Chrome/Firefox/Safari 等其他浏览器 */
:scope .cs-class {}
```

或者

```
/* IE/Edge */
.cs-class {}
/* Chrome/Firefox/Safari 等其他浏览器 */
:scope, .cs-class {}
```

推荐使用后面一种方式,因为选择器的优先级更合理。

另外,虽然:scope 伪类在 CSS 世界中的作用有限,但是它在一些 DOM API 中却表现出了真正的语义,这些 API 包括 querySelector()、querySelectorAll()、matches() 和 Element.closest()。此时:scope 伪类匹配的是正在调用这些 API 的 DOM 元素。

直接这么讲估计不太好懂,我们看一个在 4.1.2 节中已经出现过的例子。已知 HTML 如下:

```
<div id="myId">
   <div class="lonely">单身如我</div>
   <div class="outer">
      <div class="inner">内外开花</div>
   </div>
</div>
```

此时,执行如下 JavaScript 代码:

```
document.querySelector('#myId').querySelectorAll('div div');
```

在控制台输出的是 3 个<div>元素:

```
NodeList(3) [div.lonely, div.outer, div.inner]
```

因为选择器'div div'是相对于整个文档而言的,语义就是返回页面中既匹配'div div'选择器又是#myId 子元素的元素。

如果修改一下运行的 JavaScript 代码,增加:scope 伪类,就像下面这样:

```
document.querySelector('#myId').querySelectorAll(':scope div div');
```

则输出结果就只有 1 个<div>元素了：

```
NodeList(1) [div.inner]
```

因为此时':scope div div'中的:scope 匹配的就是#myId 元素，语义就是返回页面中既匹配'#myId div div'选择器又是#myId 子元素的元素。

　　由于:scope 伪类从原本的作用域特性变成了在 DOM API 中指代特别的元素，因此，现在称:scope 伪类为参考元素伪类，而不是作用域伪类。

12.1.2　Shadow 树根元素伪类:**host**

　　要想让 CSS 不受全局 CSS 的影响，目前只有一个方法，就是创建 Shadow DOM，把样式写在其中，此时该 Shadow DOM 的根元素（ShadowRoot）就是使用:host 伪类进行匹配的。

　　例如，我们自定义一个<square-img>元素，让图片永远以正方形显示，同时如果有 alt 属性值，则直接在图片上显示：

```
<square-img src="./1.jpg" size="200" alt="提示信息"></square-img>
```

如果我们创建如下所示的 Shadow DOM 结构：

```
square-img
    img
    span
```

此时，:host 伪类匹配的就是<square-img>这个元素。例如，我们为 Shadow DOM 结构创建如下所示的 CSS，相当于将<square-img>元素的字号设置为 12px，并将其颜色设置为白色：

```
:host {
    display: inline-block;
    font-size: 12px;
    color: #fff;
    text-align: center;
    line-height: 24px;
    position: relative;
}
span:not(:empty) {
    position: absolute;
    background-color: rgba(0,0,0,.5);
    left: 0; right: 0; bottom: 0;
}
img {
    display: block;
    object-fit: cover;
}
```

于是，可以看到图 12-1 所示的效果。

图 12-1 ：`host` 伪类控制 Shadow DOM 根元素样式

读者可以手动输入 https://demo.cssworld.cn/selector/12/1-1.php 或扫描下面的二维码亲自体验与学习。

该伪类的兼容性足够，除了 IE/Edge 不支持，其他浏览器都支持。

12.1.3 Shadow 树根元素匹配伪类 `:host()`

`:host()` 伪类对于浏览器原生 Web Components 开发非常重要，是务必要掌握的伪类。

`:host()` 伪类也是用来匹配 Shadow DOM 根元素的，区别在于 `:host()` 可以根据根元素的 ID、类名或者属性进行有区别的匹配。

例如，要使上面自定义的 `<square-img>` 元素支持圆角状态，也就是这个元素可以在 *A* 页面是直角，在 *B* 页面是圆角，我们就可以使用一个自定义属性 `data-radius` 外加 `:host()` 伪类非常方便地进行针对性开发。例如：

```
<square-img src="./1.jpg" size="200" alt="直角头像"></square-img>
<square-img src="./1.jpg" size="200" alt="圆角头像" data-radius></square-img>
```

如果没有 `:host()` 伪类，我们只能借助 JavaScript 判断是否有设置 `data-radius` 属性，然后根据判断结果设置不同的 CSS 样式，很麻烦。但有了 `:host()` 伪类，我们可以直接使用 CSS 样式进行区分，代码很简单也很干净，如下：

```
:host {
    display: inline-block;
```

```
    font-size: 12px;
    color: #fff;
    text-align: center;
    line-height: 24px;
    position: relative;
}
:host([data-radius]) {
    border-radius: 50%;
    overflow: hidden;
}
...
```

此时的渲染效果如图 12-2 所示。

图 12-2　:host()伪类可方便控制组件显示为直角还是圆角

读者可以手动输入 https://demo.cssworld.cn/selector/12/1-2.php 或扫描下面的二维码亲自体验与学习。

该伪类的兼容性和:host 伪类的是一样的，凡是支持 Shadow DOM（V1）的浏览器均支持:host()伪类，包括 Chrome 浏览器、Firefox 63 及以上版本的浏览器、Safari 浏览器等。

另外，:host()伪类只能在 Shadow DOM 内部使用，在外部使用是没有效果的。

12.1.4　Shadow 树根元素上下文匹配伪类:host-context()

:host-context()伪类也是用来匹配 Shadow DOM 根元素的，与:host()伪类的区别在于，:host-context()伪类可以借助 Shadow DOM 根元素的上下文元素（也就是父元素）来匹配。

举个例子，还是正方形图像的圆角控制，我们可以借助<square-img>所在的父元素来控制，HTML 代码如下：

```
<p>
    <square-img src="./1.jpg" alt="直角头像"></square-img>
</p>
<p class="cs-radius">
    <square-img src="./1.jpg" alt="圆角头像"></square-img>
</p>
```

下面这个<square-img>的圆角效果是通过父元素.cs-radius 控制的，相关 CSS 如下：

```
:host {
    display: inline-block;
    font-size: 12px;
    color: #fff;
    text-align: center;
    line-height: 24px;
    position: relative;
}
:host-context(.cs-radius) {
    border-radius: 50%;
    overflow: hidden;
}
...
```

此时的渲染效果如图 12-3 所示。

图 12-3　:host-context()伪类通过父元素控制组件显示为圆角

　　读者可以手动输入 https://demo.cssworld.cn/selector/12/1-3.php 或扫描下面的二维码亲自体验与学习。

　　:host-context() 目前仅受 Chrome 浏览器和 Android 设备支持，因此建议在实验性项目中使用。

　　同样，:host-context() 伪类只能在 Shadow DOM 内部使用，在外部使用是没有效果的。

12.2　与全屏相关的伪类：`fullscreen`

　　:fullscreen 伪类用来匹配全屏元素。

　　桌面浏览器以及部分移动端浏览器是支持原生全屏效果的，通过 dom.requestFullScreen() 方法可让元素全屏显示，通过 document.cancelFullScreen() 方法可取消全屏。

　　:fullscreen 伪类是用来匹配处于全屏状态的 dom 元素的，::backdrop 伪元素是用来匹配浏览器默认的黑色全屏背景元素的。

　　举个简单的例子，如果希望一个普通的<img>元素全屏时绝对定位居中显示，就可以使用:fullscreen 进行设置：

```
<div id="img" class="cs-img-x">
   <img class="cs-img" src="/images/common/1/1.jpg">
</div>
img.addEventListener("click", function() {
   if (document.fullscreen) {
     document.cancelFullScreen();
   } else {
      this.requestFullScreen();
   }
});
```

　　当点击<img>元素进入全屏状态后，图片的父元素#img 的尺寸会被拉伸到全屏状态，<img>元素会挂在左上角，此时就可以使用:fullscreen 伪类进行匹配与定位，CSS 如下：

```
:fullscreen .cs-img {
   position: absolute;
   left: 50%; top: 50%;
   transform: translate(-50%, -50%);
}
```

效果如图 12-4 所示。

图 12-4 Firefox 浏览器下全屏状态图片居中效果截图

读者可输入 https://demo.cssworld.cn/selector/12/2-1.php 查看实例。

兼容性

全屏匹配伪类很早就被各大浏览器支持了，只不过一开始的名称并不是:fullscreen，而是:full-screen，且需要添加私有前缀，即:-webkit-full-screen 和:-moz-full-screen。但是现在，Edge 12 及以上版本、Firefox 64 及以上版本和 Chrome 浏览器都已经支持无须私有前缀且更标准的:fullscreen 伪类，我们可以放心使用。

12.3 了解语言相关伪类

本节介绍的几个伪类并不常用，一方面，其本身的设计初衷是更好地处理多语言，另一方面，当前浏览器的支持情况有限，还不至于可以大规模使用，了解一下即可。

12.3.1 方向伪类:`dir()`

在实际开发时，我们有时候希望布局的元素是从右往左排列的。例如，实现微信或者 QQ 这样的左右对话效果，右侧的对话布局就可以直接添加 HTML dir 属性控制实现，如图 12-5 所示。

图 12-5 `dir` 属性与左右对称布局示意

用传统的实现方法，我们会使用属性选择器进行匹配。例如：

```
[dir="rtl"] .cs-avatar {}
```

但是，`[dir="rtl"]`选择器有一个比较明显的缺点，即它无法直接匹配没有设置 dir 属性的元素，也无法准确知道没有设置 dir 属性元素的准确的方向，因为 dir 带来的文档流方向变化是具有继承性的。例如，在`<body>`元素上设置`[dir="rtl"]`，只靠属性选择器是无法知道某个具体的图片的方向是"ltr"还是"rtl"的。

`:dir()`伪类就是为弥补这个缺点而设计的，无论元素有没有设置 dir 属性，抑或有没有直接使用 CSS 的 `direction` 属性从而改变了文档流方向，`:dir()`伪类都可以准确匹配。例如：

```
.cs-content:dir(rtl) {
    /* 处于从右往左的文档流中，内容背景色高亮为深天蓝色 */
    background-color: deepskyblue;
}
```

`:dir()`伪类的语法如下：

```
:dir( ltr | rtl )
```

其中 `ltr` 是 **left-to-right** 的缩写，表示图文从左往右排列；`rtl` 是 **right-to-left** 的缩写，表示图文从右往左排列。

该伪类还是有一定的使用价值的，但遗憾的是，截止到我写下这段文字的此刻，只有 Firefox 浏览器支持它，不过相信其他浏览器很快就会跟进。

12.3.2 语言伪类:`lang()`

:lang()伪类用来匹配指定语言环境下的元素。

一个标准的 XHTML 文档结构会在<html>元素上通过 HTML lang 属性标记语言类型,对于简体中文站点,建议使用 zh-cmn-Hans:

```
<!DOCTYPE html>
<html lang="zh-cmn-Hans">
<head>
<meta charset="UTF-8">
<body>
</body>
</html>
```

对于英文站点或者海外服务器,常使用 en:

```
<!DOCTYPE html>
<html lang="en">
<head>
<meta charset="UTF-8">
<body>
</body>
</html>
```

此时,页面上的任意标准 HTML 元素都可以使用:lang()伪类进行匹配。其中,括号内的参数是语言代码,如 en、fr、zh 等。例如:

```
.cs-content:lang(en) {
    /* 匹配英文语言 */
}
.cs-content:lang(zh) {
    /* 匹配中文语言 */
}
```

:lang()伪类的典型示例是 CSS quotes 属性的引号匹配。例如:

```
:lang(en) > q { quotes: '\201C' '\201D' '\2018' '\2019'; }
:lang(fr) > q { quotes: '«' ' ' '»'; }
:lang(de) > q { quotes: '»' '«' '\2039' '\203A'; }
<p lang="en"><q>英语, 外面有引号, <q>引号内嵌套的引号</q></q>。</p>
<p lang="fr"><q>法语, 外面有引号, <q>引号内嵌套的引号</q></q>。</p>
<p lang="de"><q>德语, 外面有引号, <q>引号内嵌套的引号</q></q>。</p>
```

效果如图 12-6 所示。

"英语，外面有引号，'引号内嵌套的引号'。"

《 法语，外面有引号，《 引号内嵌套的引号 》。 》

»德语，外面有引号，‹引号内嵌套的引号›。«

图 12-6　不同语言下的引号设置

但是，如果着眼于实际开发，我们是不会遇到上面这个使用引号的场景的，更常见的反而是使用:lang()伪类来实现资源控制。例如，如果是使用国内的 IP 访问，则页面输出的时候可以在<html>元素上设置 lang="zh-cmn-Hans"；如果是使用国外的 IP 访问，则可以设置 lang="en"。

此时，我们就可以根据:lang()的不同使用不同的资源或者呈现不一样的布局了。

例如，国内的主要社交平台是微信、微博，国外的主要社交平台是脸书、推特。此时，我们可以借助:lang()伪类呈现不同的分享内容：

```
.cs-share-zh:not(:lang(zh)),
.cs-share-en:not(:lang(en)) {
    display: none;
}
```

从上面这个案例可以看出，:lang()伪类相对于[lang]属性选择器有以下两个优点。

（1）即使当前元素没有设置 HTML lang 属性，也能够准确匹配。

（2）伪类参数中使用的语言代码无须和 HTML lang 属性值一样，例如，lang="zh"、lang="zh-CN"、lang="zh-SG"、lang="zh-cmn-Hans"都可以使用:lang(zh)这个选择器进行匹配。

（3）兼容性非常好，:lang()伪类是一个非常古老的伪类，IE8 浏览器就已经开始支持，如果遇到合适的使用场景，可以放心使用。

12.4　了解资源状态伪类

这一节介绍的几个伪类尚未被浏览器支持，不过就定义来看，这些伪类还是有用的，大家可以先简单了解一下。

Video/Audio 播放状态伪类:playing 和:paused

:playing 伪类可以匹配正在播放的音视频元素，如果音视频因为缓存的原因而发生暂停，同样也是可以匹配:playing 伪类的。

:paused 伪类可以匹配处于停止状态的音视频元素，包括处于明确的停止状态或者资源已加载但尚未激活的元素。

有了这两个伪类，自定义播放器的皮肤按钮的时候，开发成本会小很多，因为播放以及暂停的状态已经全部交给浏览器原生解决，我们需要做的就是通过 CSS 匹配对应的按钮显示即可。例如：

```
.cs-button-playing,
.cs-button-paused {
    display: none;
}
:playing ~ .cs-button-playing,
:paused ~ .cs-button-paused {
    display: block;
}
```

这两个伪类目前还没有得到浏览器的支持。